Querido Gerardo:
¡Feliz Cumple y
Prosit!
22/3/99

Collection Rolf Heyne

Karl Rudolf

Bier

Der Guide für
Kenner und Genießer

Mit Fotos von Bodo A. Schieren

Wilhelm Heyne Verlag
München

BILDNACHWEIS

Ahrens & Behrent, Bonn *48*;
Beck & Co, Bremen *29, 30*;
Bitburger Brauerei Th. Simon GmbH *69, 72*;
Deutscher Brauer-Bund, Königswinter *12, 15, 24, 42, 51, 58, 60, 63, 65, 71, 74*;
GfÖ – Gesellschaft für Öffentlichkeitsarbeit der deutschen Brauwirtschaft e.V., Bonn *226*;
Hacker-Pschorr GmbH, München *105*;
Hering, Schuppener, GCI, Düsseldorf *225*;
Schultheiss-Brauerei AG, Berlin *41, 66, 129*;
StockFood, München *235, 236, 237, 238*.
Die Illustration auf den Seiten *10, 86, 222* und *247* stammt von Almud Kunert;
alle anderen Fotos: Bodo A. Schieren

DER AUTOR

Karl Rudolf arbeitet als freier Journalist in Olching bei München. Er schreibt für mehrere Fachzeitschriften und ist Verfasser von Sachbüchern, u.a. über Portwein, Whisky, Calvados, Obstbrände und Mixgetränke.

Umschlaggestaltung: Christian Diener,
unter Verwendung von Fotos von Bodo A. Schieren
Redaktion: Marianne Schönbach
Grafische Konzeption: Manfred Manke
Grafische Gestaltung und Herstellung: Karlheinz Rau
Druck und Bindung: RMO Druck, München

Printed in Germany

ISBN 3-453-13797-3

INHALT

VORWORT
7

SECHSTAUSEND JAHRE
BIERGESCHICHTE
11

DER BIERDURST ALS
WIRTSCHAFTSFAKTOR
35

DAS ENDE DER LEGENDE
VOM DICKMACHER
46

SÄULEN DER VIELFALT:
DIE ROHSTOFFE
53

DER LANGE WEG VOM
MALZ ZUR MOLLE
64

BIER – EIN BAUM
MIT VIELEN ÄSTEN
73

A BIS Z
DER MARKEN
85

GETRÄNK DER
TAUSEND MÖGLICHKEITEN
223

GLOSSAR
241

REGISTER
245

»Ich trinke täglich zum Abendbrot ein Glas helles Bier und reagiere auf diese anderthalb Quart so stark, daß sie regelmäßig meine Verfassung dadurch verändern. Sie verschaffen mir Abruhe, Abspannung und Lehnstuhlbehagen.«

Thomas Mann

VORWORT

Bier ist flüssiges Brot! So sagt der Volksmund. Und er hat recht mit dieser Behauptung. Denn kein anderes Getränk enthält so viele wertvolle Bestandteile. Die Bayern übertreiben also nicht, wenn sie es als ein Nahrungsmittel bezeichnen. Es hat zu Aufständen geführt, als der Preis für Bier erhöht wurde. Gibt es einen treffenderen Beweis dafür, daß es tatsächlich als »Volksnahrungsmittel« galt?

Bier, das Getränk der breiten Masse? Das war einmal so, und es stimmt gewiß noch immer. Aber damit wird dieses älteste alkoholische Getränk der Menschheit in eine Ecke gestellt, in die es heute nicht mehr gehört. Der moderne Mensch will sich nicht einfach nur Nahrung und Flüssigkeit zuführen, er sucht dabei auch den Genuß. Voraussetzung für den Genuß ist Abwechslung, auf dem Teller wie im Glas. Bier bietet Auswahl wie kaum ein anderes Getränk: Allein um alle in Deutschland erhältlichen Marken zu verkosten, müßte man fünfzehn Jahre lang täglich ein anderes Bier einschenken. Und ein Leben würde nicht ausreichen, um alle Biere der Welt kennenzulernen.

Um wirklich vollen Herzens genießen zu können, muß der Mensch Vertrauen in das haben, was er konsumiert. Wir leben leider in einer Zeit, in der längst nicht mehr alle Nahrungsmittel naturbelassen auf den Tisch kommen. Und wir leben in einer Zeit, in der die Chemie bei der Getränkeherstellung eine nicht zu unterschätzende Rolle spielt. Es ist gang und gäbe, Farb- und Konservierungsstoffe zuzusetzen und die Gaben der Natur durch künstliche, feige als »naturidentisch« bezeichnete Aromen zu ersetzen, weil das billiger und einfacher ist. Bier, das nach dem deutschen Reinheitsgebot gebraut wird, braucht derlei Hilfsmittel nicht. Es ist ein durch und durch naturbelassenes Getränk und entspricht den Forderungen vieler nach unverfälschten Lebensmitteln. Dieses Reinheitsgebot von 1516 ist der beste Beweis dafür, daß es in der Tat völlig unnötig ist, der Natur ins Handwerk zu pfuschen.

Natürlich ist Bier ein wertvolles Getränk. Zweifellos ist es auch ein ausgezeichneter Durstlöscher. Vor allem aber ist es ein Genußmittel von hohem Rang. Niemand wird ernsthaft bestreiten wollen, daß ein perfekt eingeschenktes Bier allen Sinnen schmeichelt: Die Hand fühlt das Glas, und dieses Ertasten weckt die Vorfreude. Das Auge erfreut sich an der Haube aus Schaum und an dem blitzblanken oder von feiner Hefe getrübten Bier. Das Ohr kann, wenn es nur nahe genug am Glas ist, jenes feine Knistern des Schaumes wahrnehmen, das prickelnden Genuß verheißt. Die Nase geht im Bier förmlich auf Entdeckungsreisen und wird um so mehr verschiedene Düfte wahrnehmen, je häufiger sie geschult wird. Für Zunge und Gaumen ist jedes neue Bier ein Erlebnis, das die Geschmacksnerven mit der Zeit sensibilisiert. Biertrinken ist eine »Safari für die Sinne«, denn Bier ist nicht gleich Bier.

Brauer preisen ihre Kunden gern als marken-, zumindest aber sortentreu. Doch dieses Lob ist in Wahrheit gar keines. Es darf sich keiner als Biergenießer loben lassen, der stets an der gleichen Sorte oder Marke hängt. Wahre Feintrinker zeichnen sich durch jene Neugier aus, die sie immer wieder Neues probieren läßt. Bier ist ein weites Feld, auf dem sich für jeden Anlaß etwas findet: Hopfenherbes Pils ist ein Appetitanreger vor dem Essen. Spritziges Weizenbier in all seinen Varianten ist die ideale Erfrischung nach sportlicher Betätigung. Ein würziges dunkles Bockbier bietet sich als Begleiter zur Zigarre an. Kölsch und Altbier sind wundervolle Getränke für eine fröhliche Runde. Ein Stout schmeckt ausgezeichnet zu Austern. Ein belgisches Früchtebier kann durchaus einmal anstelle einer Bowle aufgetischt werden. Schwere Biere bieten sich als »Absacker« am späten Abend an, können aber auch, in kleiner Menge, statt des »harten« Digestifs nach einem Essen gereicht werden. Die Möglichkeiten, das passende Bier zu trinken, sind mindestens ebenso vielfältig wie die, einen Wein zu trinken.

Freilich stößt der Bierfreund auf der Suche nach neuen Marken und Sorten schnell an seine Grenzen, vorausgesetzt, er ist nicht ständig unterwegs. In Europa sind die Biere überwiegend regionale Produkte, und gerade die interessantesten Marken sind meist nur in ihrer engsten Heimat erhältlich. Wer sich für Bier wirklich interessiert, sollte deshalb auf Reisen jede Möglichkeit nutzen, die Biere der jeweiligen Regionen kennenzulernen. Große Hotels sind dafür aber meistens die falsche Adresse, da sie fast immer die bundesweit bekannten Marken führen und Regionalbiere, wenn überhaupt, nur als sogenanntes Zweitbier anbieten.

Natürlich schmeckt jedes Bier frisch aus dem Faß immer am besten. Eine Ausnahme sind nur jene Hefe-Weizenbiere, die in der Flasche nachgären. Ein Buch, in dem alle Biere auch optisch vorgestellt werden sollen, muß sich aus naheliegenden Gründen auf Flaschenbiere beschränken. Rund hundert Marken werden in diesem Buch beschrieben. Diese Beschreibungen sind subjektiv, denn jeder Mensch empfindet nun einmal beim Essen und Trinken individuell verschieden.

Während der Vorarbeiten zu diesem Buch, besonders bei den vielen Verkostungen und Vergleichsproben, wurde ich häufig nach meinem »Lieblingsbier« gefragt. Darauf konnte ich keine Antwort geben, denn ich habe keines. Zwar steht in meinem Keller immer ein Weizenbier und ein Pils quasi als Hausmarke. Diese beiden Marken schätze ich, doch es sind nicht meine »Lieblingsbiere«. Favorit ist stets das Bier, auf das ich im Moment Lust habe, das zu meiner jeweiligen Stimmung paßt oder zum gegebenen Anlaß. »Lieblingsbier« ist immer jenes, das einen Gang der Speisenfolge harmonisch begleitet, das den plötzlichen Durst schmackhaft zu stillen vermag, das sich mit der Zigarre am Feierabend nicht »beißt« oder in der Skatrunde flott über die Zunge geht.

Sicher soll jeder ein Bier haben, das er regelmäßig trinkt. Aber niemand sollte über diesem einen Bier all die vielen anderen vergessen, die ein Essen begleiten, eine Mußestunde verschönern, einen Abend einläuten oder ganz einfach nur den Bierdurst stillen können. Wer sich auf ein einziges Bier versteift, bringt sich um eine Menge Genuß.

Dieses Buch soll den Lesern Lust auf Bier machen. Wenn es darüber hinaus einigen Mut macht, auch dort einmal ein Bier zu bestellen, wo »man« üblicherweise Wein trinkt, hat es seinen Zweck erfüllt. Denn Bier braucht sich keineswegs zu verstecken, es ist durchaus »salonfähig«. Nur Ignoranten verwehren ihm den Platz auf der Tafel.

Bier ist gesund. Es macht – entgegen einer weitverbreiteten Meinung – nicht dick. Bier gibt es für jeden Geschmack und jeden Anlaß. Es ist Genußmittel und wertvoller Bestandteil unserer Ernährung. Bier ist es wert, sich intensiver damit zu befassen. Dieses Buch soll dabei helfen.

Prosit – zu deutsch: Es möge nützen.

KARL RUDOLF

SECHSTAUSEND JAHRE BIERGESCHICHTE

*»Iß das Brot, das gehört zum Leben.
Trinke das Bier, wie es im Leben Brauch ist.«*
(Gilgamesch-Epos, ca. 3000 v. Chr.)

Seit wann gibt es Bier? Diese Frage hat schon zahlreiche Historiker und manchen Hobbyforscher beschäftigt. Eine klare Antwort steht bis heute aus, und es wird wohl auch niemals eine definitive Antwort auf diese Frage geben. Sicher ist nur, daß dieses Getränk vor mindestens sechstausend Jahren erstmals hergestellt wurde. Als sich der Mensch vom herumstreifenden Jäger zum seßhaften Sammler entwickelte, begann er wildwachsendes Getreide zu kultivieren. Und so ist die Geschichte des Getreides mit der des Bieres untrennbar verbunden.

Der Ursprung des Bieres verliert sich irgendwo im Dunkel der Jungsteinzeit. Daß dieses alkoholische Getränk Ergebnis gezielter Versuche war, darf getrost bezweifelt werden. Vermutlich ist seine Entstehung dem puren Zufall zu verdanken: Getreide oder Brot kam mit Wasser in Berührung und fing an zu gären. Ein zerstreuter Neolithiker trank diese Brühe, fand sie gut und braute fortan ganz gezielt sein Steinzeitbier. So könnte, so wird es wahrscheinlich gewesen sein.

Die ersten Hinweise auf das Brauen stammen von den Sumerern. Dieses vorsemitische Kulturvolk hat nicht nur die Keilschrift erfunden, sondern hinterließ auch eine Fülle von Informationen, zum Beispiel detaillierte über seine Biere. Der Plural ist angebracht, da die Sumerer sowohl mit Emmer, einer dem Dinkel verwandten Weizenart, als auch mit Gerste brauten. Außerdem stellten sie Mischbiere aus diesen beiden Getreidesorten her. Diese drei Grundtypen des *sikaru,* wie die Sumerer Bier generell nannten, gab es in verschiedenen Stärkegraden und in unterschiedlichen Farbabstufungen. Alles in allem kannten die Anwohner der Unterläufe von Euphrat und Tigris etwa zwanzig verschiedene Biere, die jeweils einem anderen Zweck dienten: Sie waren Opfergaben für die Götter, Arznei für die Kranken, Bezahlung für die Arbeiter und dienten sogar als Steuer. Um antikem Nepp Einhalt zu gebieten, sah sich König Urukagina einst veranlaßt, anzuordnen, daß

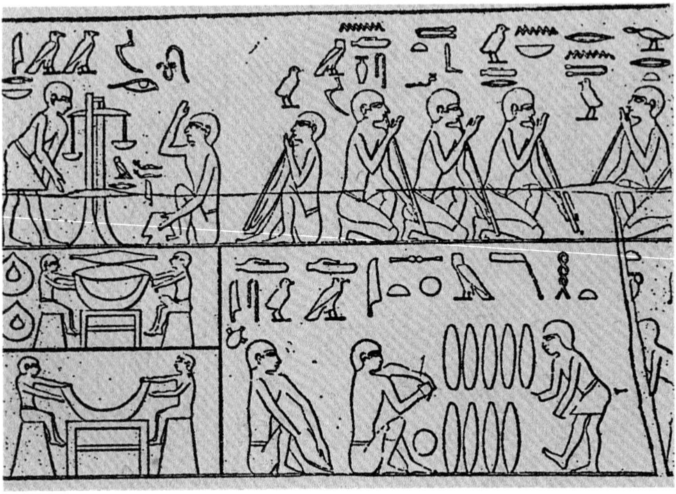

Verschiedene Phasen der Bierbereitung im alten Ägypten

Priester für eine Bestattung nur noch drei statt vorher sieben Kannen Bier und nur achtzig Brote statt der dreifachen Menge verlangen durften.

Mit unseren heutigen Bieren hatten jene Urbiere nur sehr wenig gemein. Die Sumerer brauten nicht direkt aus Getreide, sondern formten Brotfladen, rösteten diese und ließen sie anschließend vergären. Das *sikaru* war trübe, nicht gefiltert und glich wohl eher einer Suppe als einem Trunk. Das läßt sich aus Tontafeln schließen, auf denen offensichtlich vornehme Sumerer abgebildet sind, die ihr Bier mit Saugrohren aus Tonkrügen zu sich nehmen. Die Brauer des Altertums kannten noch keine Bierhefe; für die Gärung der Maische sorgten zum einen die im Brot enthaltene Hefe und zum anderen die frei herumschwirrenden Bakterien, zu denen unter anderem Milchsäurebakterien gehörten. Auch vom heute unentbehrlichen Hopfen wußte zu jener Zeit noch keiner. Wenn das Bier überhaupt gewürzt wurde, dann mit Honig, Zimt, Ingwer und ähnlichem mehr.

In der Literatur findet sich ein weiterer Beweis dafür, daß im fruchtbaren Tiefland zwischen Euphrat und Tigris bereits in vorchristlicher Zeit gebraut wurde. Das ca. 3000 v. Chr. entstandene Gilgamesch-Epos schildert, wie der Urmensch Enkidu durch Bier zum Menschen wird. Der Halbgott Gilgamesch schickt dem Halbwilden eine Dirne, damit er kultiviert werde.

Die empfiehlt: »Iß das Brot, Enkidu, das gehört zum Leben. Trinke das Bier, wie es im Leben Brauch ist!« Enkidu gehorcht und ist zivilisiert.

Etwa zweitausend Jahre v. Chr. zerfiel das sumerische Reich, und die Babylonier kamen an die Macht. Sie bauten auf der Kultur ihrer Vorgänger auf und entwickelten auch das Brauwesen weiter. Was sicher nötig war, denn das Bier hatte sich schon zum Volksgetränk entwickelt. Dem Arbeiter standen täglich zwei Krüge Bier zu, einem Angehörigen der Mittelschicht drei. Priesterinnen und Hofdamen hatten ein Recht auf drei Krüge Süßbier zwischen Morgen und Abend. Wer bis zu fünf Krügen fordern konnte, zählte zur High-Society des Landes.

Die Babylonier brauten vorwiegend Emmer ein, gaben jedoch häufig auch etwas Gerste zu. So kamen um die zwei Dutzend Biere zusammen, die – nach den Aufzeichnungen zu schließen – höchst unterschiedlich waren. Im Gegensatz zu den Sumerern gaben die Babylonier nicht nur geröstete Brotfladen in die Maische, sondern zum Teil auch gekeimtes, geröstetes Emmerkorn, durchaus vergleichbar mit dem heute verwendeten Malz. Die Gerste war Getreide »zweiten Ranges«. Je mehr Emmer das Bier enthielt, um so wertvoller war es. Das »Dünnbier« wurde nur aus Gerste hergestellt, »Schwarzbier« vorwiegend aus Gerste. Das starke »Prima Bier« soll dagegen gänzlich aus Emmer bestanden haben, und zwar zu jeweils einem Drittel aus nur gekeimtem Korn, gekeimtem und geröstetem Korn sowie aus Brot.

Babylons Brauer waren Privilegierte. Sie brauchten keinen Militärdienst zu leisten, mußten sich im Gegenzug freilich verpflichten, den Truppen »Bierbrot« zu liefern. Außerdem waren sie an rigorose Verordnungen gebunden. Im »Codex Hammurabi«, der ältesten Gesetzessammlung der Welt, ist festgehalten, was Panschern drohte. Hammurabi, der Babylon von 1728 bis 1686 v. Chr. regierte, ließ Bierpanscher in ihren Fässern ertränken oder so lange mit ihrem eigenen Gebräu vollgießen, bis sie erstickt waren. Dieser Herrscher regelte auch die Dienstleistung in den Schänken, die es zu jener Zeit bereits gab. Wirtinnen, die minderwertiges Bier teuer verkauften, wurden ertränkt. Priesterinnen, die solche Schänken aufsuchten, kamen auf den Scheiterhaufen. Wenn die Wirtin einer babylonischen Kneipe staatsgefährdende Diskussionen duldete und die aufmüpfigen Zecher nicht der Obrigkeit meldete, wurde sie getötet.

Solch drastische Gesetze sorgten einerseits für Ordnung im Gaststättenwesen, andererseits förderten sie die Qualität des Bieres. Das war immerhin so gut, daß sogar die Ägypter Gefallen daran fanden und daher reichlich davon kauften: Die Babylonier waren die ersten Bierexporteure.

Auf die Ausfuhr ihrer Biere hätten sie jedoch besser verzichten sollen. Die Ägypter bauten nun nämlich eine regelrechte Industrie auf und brauten selbst haltbare Biere, die in Tonkrügen transportiert wurden. Mag sein, daß die Importe aus Babylon die ägyptischen Brauer beflügelten, doch etwas völlig Neues waren sie für das Volk am Nil nicht. Schon um 2500 v. Chr. bestand das Schriftzeichen für »Mahlzeit« in Ägypten aus den zwei Zeichen für »Brot« und »Bier«. Jenes Bier, *zythum* genannt, war im wahrsten Sinn des Wortes ein Volksgetränk. Es wurde an die Sklaven abgegeben, die zum Bau der Pyramiden verdammt waren, und es war die übliche Bezahlung für das arbeitende Volk und die Soldaten. Die tägliche Ration an Bier und Brot war hierarchisch geregelt. Selbst der Königin standen zwei Krüge Bier am Tag zu. Dies war jeweils im Ehevertrag zwischen dem Pharao und seiner künftigen Gattin festgeschrieben.

Ob diese die flüssige Apanage auch stets genutzt hat, ist fraglich. Denn die ägyptische Oberschicht bevorzugte Wein. Das hinderte die im ägyptischen Brauwesen, einem Staatsmonopol, Tätigen aber nicht daran, eine Vielfalt von Biersorten anzubieten. Das Brauverfahren der Ägypter ist mehrfach überliefert. Sie brachten Gerste, Emmer und Hirse zum Keimen, mahlten diese Getreide und formten den Brei mit Sauerteig zu Fladen. Die wurden so gebacken, daß sie zwar eine Kruste hatten, innen aber noch weitgehend roh waren. Damit nutzten die Ägypter unbewußt bereits die Wirkungen der Hefe. Bei Bedarf wurde das »Bierbrot« gebrochen und in großen Gefäßen mit Wasser übergossen. Nach einem Tag des Ruhens goß man diese »Suppe« durch ein Sieb in ein anderes Gefäß und drückte das aufgeweichte Brot gut aus. So entstand ein schäumendes Getränk, das reichlich fade gewesen sein muß, weshalb es für die Würdenträger eigens gewürzt wurde. Diese einfachste Form des Bieres mußte bald getrunken werden, »weil es sich nicht aufbewahren läßt und, wenn man es in verschlossene Gefäße füllt, diese zersprengt«. So ist es in einer Überlieferung beschrieben.

In der Bibel ist zwar häufig von Wein, aber nie von Bier die Rede. Es wäre aber falsch, daraus zu schließen, daß die

Kinder Israels diesen Trunk nicht kannten. Als Gefangene der Babylonier und später auch der Ägypter half ihnen das Bier, die unhygienischen Lebensbedingungen und die harte Arbeit zu überstehen. Als die Juden schließlich in die Freiheit entlassen wurden, brauten auch sie in ihrem Gelobten Land Bier und nannten es *sechar*. Bedeutung sollte dieses Getränk jedoch nie erlangen. Zum einen, weil Getreide im historischen Israel nicht so üppig gedieh wie die Weinstöcke, zum anderen, weil das Bier die Juden an ihren Abfall von Gott und die ihrer Meinung nach daraus resultierenden bitteren Zeiten der Gefangenschaft erinnerte.

Ägypter beim Kneten des Bierbrotes um 2400 v. Chr.

Natürlich kannten neben den Ägyptern auch die anderen Hochkulturen des Altertums das Bier, so zum Beispiel die Griechen. Die hatten die Kunst des Brauens wiederum von den Ägyptern und Armeniern übernommen, schätzten das Bier aber nicht besonders: Es galt als Trunk der Armen. Dennoch wurde es sogar von Aristoteles als Schlaftrunk gelobt. Der Philosoph betätigte sich auch als Rauschforscher und stellte fest, daß der Bierrausch den Menschen nach rückwärts, der Weinrausch ihn dagegen nach allen Seiten fallen lasse.

Von den Griechen gelangte das Bier zu den Römern. Dort fand es wenig Anklang, wie in allen Ländern, in denen der Wein das eigentliche Tischgetränk war. Das änderte sich jedoch, als die römischen Legionen fremde Länder eroberten und dabei auf eine wahre Vielfalt an Bieren stießen. In nördlichen Gefilden fanden die Römer keine Weintrauben vor und mußten trinken, was verfügbar war: vergorenes Getreide, eben das Bier.

Schließlich gewöhnten sie sich an das »Getränk der Barbaren«, einige von ihnen fanden sogar Gefallen daran. Von Kaiser Flavius Valens ist bekannt, daß er besonders das *sabai-*

um aus der Gegend des heutigen Österreich schätzte. Sein Vorgänger Julian allerdings hatte noch behauptet, der Wein dufte nach Nektar, das Bier dagegen stinke nach Bock.

Nicht alle weinbauenden und -trinkenden Nationen von heute waren das auch in der Vorzeit. Römische Schreiber berichteten vom Bier aus Hirse und Gerste, das die Iberer dem Wein vorzogen. Und die Kelten, Vorfahren der Franzosen in der römischen Provinz Gallien, haben die Eroberer erst richtig auf den Biergeschmack gebracht: Julius Caesar nahm das aus Gerste gebraute *corma* mit seinen Legionen mit auf die Britischen Inseln. Der Staatsmann und Feldherr war damit wohl der Wegbereiter für Ale und Stout.

Schon vor Christi Geburt scheint das Bier weit verbreitet gewesen zu sein. Nur ausgerechnet von den Germanen, den Urvätern der heute fleißigsten Brauer und – nach den Tschechen – auch fleißigsten Biertrinker, findet sich überhaupt nichts Schriftliches zum Thema Bier. Sollte dieses Volk, wie häufig behauptet wird, sich tatsächlich nur mit Met, einem Getränk aus vergorenem wildem Honig, berauscht haben?

Nein, denn die Ur-Deutschen tranken sehr wohl richtiges Bier, ehe sie auf die berühmten Bärenfelle sanken. Sie konnten allerdings keine Rezepte hinterlassen, weil sie des Schreibens nicht kundig waren. Die bekannten Runen wurden erst in den Jahrhunderten nach Christi Geburt entwickelt und waren anfangs noch keine Schrift im heutigen Sinne. Aber aus Krügen mit Bierresten, die in Grabstätten gefunden wurden, geht hervor, daß die Germanen schon etwa tausend Jahre vor Christus aus Brotfladen hergestelltes Bier tranken.

Der Hang der alten Germanen zum Zechen beeindruckte auch den römischen Geschichtsschreiber Publius Cornelius Tacitus. Der Vielgereiste schrieb im ersten Jahrhundert nach Christus, dieses Volk könne wohl Hunger und Kälte ertragen, aber nicht den Durst. In seiner »Germania« berichtet er von großen Trinkhörnern, aus denen Met, aber auch Bier getrunken wurde. Und er lobt die Ausdauer der Germanen beim Anbau von Getreide in ihrem wilden Land.

Unsere Vorfahren müssen schon ziemlich früh festgestellt haben, daß sich Bier auch direkt aus Getreidekörnern zubereiten läßt. Die Körner ließen sie keimen und trockneten sie anschließend auf einem Rost über offenem Feuer. Funde beweisen zudem, daß die alten Germanen, im Gegensatz zu Sumerern, Ägyptern und anderen Brauern der Frühzeit, die Bierwürze kochten. Entweder geschah das in einem großen

Kessel über dem Feuer oder aber – seltener –, indem erhitzte Steine in die Mischung aus Getreidekörnern und Wasser geworfen wurden. Solches »Steinbier« wird noch heute vereinzelt hergestellt, zum Beispiel in Kärnten.

Vom Bild eines keulenbewehrten germanischen Kriegers am Braukessel sollten wir uns umgehend verabschieden. Es entspräche nicht der Wirklichkeit. Denn das Brauen gehörte nicht nur bei diesem Volk zu den Pflichten der Hausfrau. Bier war Teil der Nahrung, und für deren Zubereitung waren nun einmal in allen Völkern die Frauen zuständig.

Daran änderte sich jahrhundertelang nichts. Selbst in den Brauhäusern des frühen Mittelalters standen fast nur Brauerinnen an den Sudkesseln. Nicht einmal in der Blütezeit der Klosterbrauereien wurde die Bierbereitung zur reinen Männersache. Es gab schon damals, im 12. und 13. Jahrhundert, eine Reihe von Nonnenklöstern, die sich der ganz weltlichen Tätigkeit des Bierbrauens widmeten. Die vielseitig gebildete Äbtissin Hildegard von Bingen machte sich um das Brauwesen sehr verdient, als sie im 12. Jahrhundert den Wert des Hopfens für das Bier erforschte und beschrieb. Eine andere bierkundige Nonne war Katharina von Bora, die das Brauen erlernt hatte und es auch später privat nutzte, als sie nicht mehr Klosterfrau, sondern Ehefrau von Martin Luther war.

Im Mittelalter und in einigen Teilen Deutschlands sogar noch bis ins vorige Jahrhundert gehörte der Braukessel zur Aussteuer einer Frau. Und was heute das Kaffeekränzchen ist, war früher das »Bierkränzchen« der Frauen, zu dem sie sich jeweils nach dem Brauen trafen.

KLOSTERBRAUEREIEN ALS BASTIONEN DES BIERES

Von den Anfängen des Brauens im Altertum bis ins Mittelalter änderte sich an der Bierherstellung und am Bier selbst kaum etwas. Nur das Zentrum des Brauwesens verschob sich im Laufe einiger Jahrhunderte vom Mittleren Osten in das nördliche Europa. Hauptgrund dafür war indirekt das Klima. Die Völker des Südens widmeten sich verstärkt der Pflege von Reben und der Verbesserung ihrer Weine. Zwar gab es auch im Norden Europas, da wo es Boden und Klima zuließen, seit der römischen Besatzungszeit Weinbau, beherrschend war dort aber Getreide, der Grundstoff für das Bier.

Das aufkommende Christentum ließ schließlich das Bier an Bedeutung verlieren. Der Wein, schon früh Symbol für das Blut Christi, verdrängte im Süden Europas das traditionelle alkoholische Getränk Bier vollends, und bald galt es als ein »Trank der unkultivierten Völker«. Im ersten Jahrtausend hielten in Europa lediglich noch die Germanen, Kelten und Wikinger daran fest. Für diese war es auch mehr als nur ein Durstlöscher. Es war fester Bestandteil ihrer Feiern zu Ehren der Götter und hatte damit – wie in anderen Kulturen schon in der Antike – zusätzlich noch immer auch eine gewisse religiöse Bedeutung.

Ab dem 5. Jahrhundert wurden überall in Europa Klöster gegründet. Anfangs pflegten die Mönche zwar die römische Tradition der Weinkultur, aber nach und nach begannen sie zumindest dort Bier zu brauen, wo keine Trauben wuchsen und Wein teuer herbeigeschafft werden mußte. Bier wurde ursprünglich nur für den Eigenbedarf gebraut. Da die Reinheit des Trinkwassers oft zu wünschen übrigließ, wurde das Bier bald zum Hauptgetränk der Mönche. Sie perfektionierten das Brauverfahren und verbesserten die Güte dieses Getränkes im Laufe der Jahrhunderte ganz erheblich.

Als erste noch arbeitende Brauerei der Welt gilt die des 1803 säkularisierten Klosters Weihenstephan bei Freising, die seither bayerische Staatsbrauerei ist. Die Weihenstephaner bekamen bereits 1040 das Recht, nicht nur zu brauen, sondern auch Bier auszuschenken. In dieser Brauerei wurde wahrscheinlich zum erstenmal gezielt Hopfen zum Brauen verwendet; schon im Jahr 768 wurde Hopfen aus einem nahe gelegenen Garten als »Zehent« an das Kloster geliefert.

Die größte Klosterbrauerei der frühen Jahre war die von St. Gallen in der späteren Schweiz. Dieses Kloster, 720 entstanden, verfügte schon im 9. Jahrhundert über gleich drei Brauereien auf seinem Grund und über eine eigene Mälzerei. Mehr als hundert Fratres und Patres kümmerten sich um das Getreide und seine Verarbeitung zu dem Bier, das ab dem 10.Jahrhundert weithin bekannt und geschätzt war. Was gewiß daran lag, daß die Brauer von St. Gallen für damalige Verhältnisse geradezu modern arbeiteten. Sie stellten zuerst Grünmalz und daraus dann Darrmalz her, hatten in jedem der drei Brauhäuser Sud-, Gär- und Kühlraum und brauten drei verschiedene Biere: Das Starkbier *celia* wurde aus Gerste, aus Weizen oder auch aus beiden Getreiden zubereitet und war für den Abt und hohe Gäste bestimmt. Aus Hafer brauten die

Mönche *cerevisa* (oder auch *cervisa*), ein Alltagsbier zum eigenen Gebrauch und für Pilger. Und schließlich gab es noch einen Aufguß aus der restlichen Würze dieser beiden Biere, dem Hafermalz beigegeben wurde. Dieses Dünnbier, das in Aufzeichnungen anderer Klöster als *conventus* bezeichnet wurde, war für die Bediensteten und die Bettler bestimmt.

Das Klosterbier war grundsätzlich besser als das, was die Bürger bis ins Mittelalter für den Hausgebrauch selber herstellten. In den Klöstern gab es genug kluge Köpfe, die alte Schriften über das Brauen studieren und über die Verbesserung von Herstellungsverfahren sowie über andere Zutaten nachdenken konnten. Die Optimierung des Bieres war nicht zuletzt in ihrem eigenen Interesse: Je kräftiger es eingebraut war, desto nahrhafter war es. Darauf legten die Mönche vor allem dann Wert, wenn wieder eine der zahlreichen Fastenzeiten anstand, und das Essen auf ein Mindestmaß reduziert oder gar völlig gestrichen war. Nahrhaftes Bier war dagegen erlaubt, zumindest nicht verboten: »Flüssiges bricht Fasten nicht«, war in Rom entschieden worden.

Jenseits der Klostermauern wurde lange Zeit noch gebraut wie eh und je. Aber irgendwann kam jeder Bürger doch auf den Geschmack des Klosterbieres. Denn die Mönche waren verpflichtet, nicht nur die Pilger, sondern jeden, der an ihre Pforten klopfte, mit Speis und Trank zu versorgen. So brauten sie einerseits für den Eigenbedarf, andererseits für ihre Gäste. Verdienen konnten sie mit ihrem Bier nichts. Freilich konnten sie auch billig brauen, da sie Getreide meist selber anbauten und ihre braukundigen Brüder nicht zu entlohnen brauchten. Dennoch wollte so mancher Abt mit dem hauseigenen Bier zusätzlich ein Geschäft machen. Und so entstanden die ersten Klosterschänken, in denen das begehrte Getränk gegen Bares an jeden abgegeben wurde.

Doch auch die unbestrittene Qualität ihrer Biere konnte die Klosterbrauereien nicht vor Rückschlägen schützen. Im Mittelalter wurde es in Mitteleuropa zunehmend wärmer, so daß in immer mehr Regionen Wein angebaut werden konnte. Selbst im heutigen Altbayern gab es Weinberge bis fast nach München. So lief nach und nach der Wein dem Bier in weiten Teilen des heutigen Deutschlands den Rang ab. Gegen Ende des Mittelalters wurde sogar in Bayern weit mehr Wein getrunken als Bier.

Viele Klöster paßten sich dieser Entwicklung rasch an und kümmerten sich so intensiv um den Weinbau, wie sie zuvor das Brauen betrieben hatten. Wein versprach gute Geschäfte und schmeckte zudem manchem Mönch als »Haustrunk« wahrscheinlich noch besser als das Bier. Auch die Ordensregeln dämmten das Brauen teilweise ein. In vielen Klöstern wurden die Mönche angehalten, sich wieder mehr um ihre eigentlichen Aufgaben zu kümmern und die klösterlichen Tugenden zu pflegen, statt über den Sudkesseln nach immer neuen Möglichkeiten des Geldverdienens zu schielen.

Hinzu kam die wachsende weltliche Konkurrenz, der das Treiben der Klosterbrauereien und -schänken ein Dorn im Auge war. Zwischen dem 11. und dem 13. Jahrhundert wurden in vielen Städten gewerbliche Brauereien gegründet. Es entwickelte sich eine arbeitsteilige Gesellschaft, und in Städten mit hoher Einwohnerzahl versprach das Brauen ein einträgliches Geschäft zu werden. Die Landesherren förderten solche Bestrebungen, nicht zuletzt weil sie in diesem Gewerbe neue Steuereinnahmequellen sahen. Bereits im 11. Jahrhundert gab es in London und im norwegischen Trondheim die ersten Brauer-Vereinigungen, aus denen bald die mächtigen Zünfte entstanden. Ende des 13. Jahrhunderts gab es in Frankfurt am Main nachweislich eine gewerbliche Brauerei und hundert Jahre später in München bereits deren drei. Obwohl auf dem Land die meisten Bürger nach wie vor ihr eigenes Bier brauten, wuchs die Zahl der gewerblichen Braustätten rapide an.

Für deren Betreiber waren die Klosterbrauereien eine in vielerlei Hinsicht bevorzugte Konkurrenz. Die bierbrauenden Mönche zahlten keine Steuern, sondern kassierten von ihren Pächtern sogar noch allerlei Abgaben, darunter auch Braugetreide. Wenn es Mißernten gab, und das Brotgetreide knapp war, wie zum Beispiel 1292 und 1317, verboten die Landesherren das Brauen – aber eben nicht den Klöstern, sondern nur den Bürgern und den gewerblichen Brauern.

In Norddeutschland, wo kein Wein wuchs und das Bier über Jahrhunderte hinweg einen höheren Stellenwert hatte als im Süden, wuchs der Zorn der Brauer und Wirte auf die klösterliche Konkurrenz. Dort konnten mittlerweile bereits viele Menschen vom Brauen, vom Ausschank und vom Bierhandel leben; folglich wurde penibel darauf geachtet, daß die geistlichen Mitbewerber nicht zu mächtig wurden.

Nach der Reformation wurden viele Klöster aufgelöst, im Dreißigjährigen Krieg viele zerstört. Als schließlich bei der Säkularisation im Jahre 1803 der größte Teil des geistlichen Besitzes in weltliche Hände kam, war die Blütezeit der

Klosterbrauereien endgültig vorbei. Es gibt zwar noch einige wenige, zum Beispiel Andechs und Ettal, aber an ihre einstige Größe und Vielzahl erinnern nur noch die Namen von längst weltlichen Marken wie etwa Paulaner und Franziskaner in München.

Es bleibt die Gewißheit, daß außer der technischen Entwicklung im 19. Jahrhundert nichts so sehr zur Verbesserung der Biere beigetragen hat wie die Arbeit in den Sudhäusern der Klöster. Die Mönche waren Pioniere der Braukunst.

STRENGE VORSCHRIFTEN SORGTEN FÜR GUTE QUALITÄT

Seit es Bier gibt, wurden zahllose Vorschriften erlassen, die das Brauen und den Handel mit Bier regelten und die Höhe der dafür zu entrichtenden Steuern festsetzten. Das hatten Brauer immer mit den Brennern gemeinsam: Sowie die jeweilige Obrigkeit witterte, daß mit einem Genußmittel ein Geschäft zu machen war, forderte sie ihren Tribut.

Die Biersteuer ist keineswegs eine Erfindung unserer Zeit. Die erste Getränkesteuer der Welt wurde von ägyptischen Pharaonen erhoben, mit der fadenscheinigen Begründung, die Trunksucht einschränken zu wollen. In Deutschland war es schon um die Jahrtausendwende üblich, eine Abgabe auf das Bier zu verlangen, das nicht für den Hausgebrauch gebraut wurde, sondern verkauft werden sollte. Die Höhe der Abgabe war seit den Zeiten Karls des Großen meistens im »Grutrecht« festgelegt. Als »Grut« wurde damals die Bierwürze bezeichnet. Viele große und kleine Landesherren und Stadtväter nutzten ihr sogenanntes »Brauerei-Privileg« und erteilten die Braugenehmigungen nur gegen Bares oder entsprechende Zuteilungen an kostenlosem Bier.

Die Reichsstadt Ulm führte bereits 1220 expressis verbis eine Biersteuer ein. Markgraf Friedrich VI. erhob auf seiner Plessenburg oberhalb von Kulmbach Ende des 14. Jahrhunderts einen »Zapfenpfennig« und forderte überdies für jedes Fuder Bier einen Gulden »Tranksteuer«. Die Hansestadt Hamburg, mit rund sechshundert Brauereien im 16. Jahrhundert das Zentrum des Brauens in Deutschland, führte frühzeitig die Biersteuer ein. Die bayerischen Herzöge Wilhelm IV. und Ludwig X., die gleichberechtigt regierten und für das berühmt gewordene Reinheitsgebot verantwortlich waren, erweiterten die bestehende Getränkesteuer, die bis dahin nur für Wein galt, 1543 um eine Biersteuer von zwei Kreuzern pro Eimer. Die Regenten brauchten Geld, um drei schwäbische Orte zu kaufen. Aus dem Geschäft wurde zwar nichts, aber die Biersteuer blieb. Sie wurde sogar innerhalb eines halben Jahrhunderts auf 17 Kreuzer und einen Heller je Eimer angehoben. So ein Eimer faßte 64 bayerische Maß, die Steuer dafür entsprach in etwa 64 Silberpfennigen – das erzürnte und durstige Volk sprach denn auch alsbald vom »Bierpfennig«.

In der Folgezeit führten immer mehr Landesherren diese Biersteuer ein. Daß sie in Deutschland nie mehr abgeschafft wurde, freut nur die Finanzminister der Bundesländer: Die konnten 1997 knapp 1,7 Milliarden Mark an Biersteuern einstecken.

Doch trotz allen Ärgers, den die Biersteuer über Jahrhunderte hinweg verursachte, hatte sie auch ihre Vorteile: Was der Obrigkeit Geld einbringt, genießt üblicherweise auch deren Schutz. Also haben sich Regierungen zu allen Zeiten nach Kräften bemüht, mit Verordnungen für gutes Bier zu sorgen. Das war auch nötig, denn Bier, wie wir es heute kennen und schätzen, gibt es erst seit ungefähr hundert Jahren. In der Mitte unseres Jahrtausends wandten die Brauer noch allerhand Tricks an, um ihre Biere »trincklich« zu machen. Zwar bestand die Würze schon damals aus Brotgetreide wie Gerste, Weizen oder Hafer. Oft wurde sie aber um andere stärkehaltige Produkte ergänzt, so zum Beispiel um Erbsen oder Bohnen. Statt des schon seit dem 8. Jahrhundert weithin bekannten Hopfens wurden allerlei andere Zutaten ins Bier gegeben, um es zu »verbessern« oder das Sauerwerden zu verhindern: Ruß, Ochsengalle, Kreide ...

Verantwortungsbewußte Landesherren bezogen nicht die guten Biere von auswärts für teures Geld, sondern regelten das Brauen innerhalb ihrer eigenen Grenzen. Eine der ersten Verordnungen zum Brauen stammt von Kaiser Barbarossa und wurde 1156 in der »Justitia civitatis Augustensis« – dem Stadtrecht von Augsburg – festgelegt: »Wenn ein Bierschenker schlechtes Bier macht oder ungerechtes Maß gibt, soll er gestraft werden. Überdies soll das Bier vernichtet oder den Armen umsonst ausgeteilt werden.« In Nürnberg durfte ab 1293, lange vor Inkrafttreten des Reinheitsgebotes, Bier nur aus Gerste gebraut werden. Der Stadtrat von München ordnete bereits Anfang des 15. Jahrhunderts an, das Bier nach dem Brauen mindestens acht Tage zu lagern.

Doch nicht nur in Bayern wurden Regeln für das Brauen und den Umgang mit Bier erlassen. In der Bier-Verordnung des Erfurter Magistrats aus dem Jahr 1351 war zum Beispiel festgelegt, daß nicht mehr und nicht weniger als drei Kasten Malz zum Brauen gemahlen werden durften. Besonders detailliert war die Berliner Brauordnung von 1577 mit ihren 37 Paragraphen. Dieser Vorschrift verdanken wir indirekt auch den Begriff »Zapfenstreich«: Nach einem Trommelsignal abends um neun durfte in Berlin kein Bier mehr ausgeschenkt werden. Zur Kontrolle machten Amtsdiener auf jeden Zapfhahn einen Kreidestrich. Der Strich auf dem Zapfen wurde kurz »Zapfenstreich« genannt, und bald hieß auch das abendliche Trommeln so. Irgendwann übernahm das Militär diesen Begriff in seinen Sprachgebrauch.

Im 14. und 15. Jahrhundert waren die bayerischen Brauer ins Hintertreffen geraten – Bier aus nördlichen Landen hatte einen weitaus besseren Ruf als ihres. Mit einer Vielzahl von Vorschriften sollte das bayerische Bier konkurrenzfähig gemacht werden. So schrieb der Münchner Stadtrat im Jahre 1447 den ortsansässigen Brauern vor, sie dürften »ihr pir sieden und prewen nur allein von gersten, hopfen und wasser und sonst nichts darein oder darunter tun«.

Herzog Albrecht IV. machte diese Anordnung vierzig Jahre später zur Grundlage eines »Preu-Aid«, den er die Münchner Brauer schwören ließ. Kurz danach schrieb Herzog Georg der Reiche für das altbayerische Kernland fest, daß weder Brauer noch Wirte oder sonst jemand nichts »denn allein Malz, Hopfen und Wasser« ins Bier tun dürfe – »bei Vermeidung von Strafe an Leib und Gut«. Anderswo waren die Herren noch etwas toleranter. Die Bischofsresidenz Eichstätt verbot wohl »alle diese den Kopf tollmachenden Kräuter«, erlaubte jedoch Salz, Kümmel und Wacholder als Zutaten für das Bier innerhalb ihres Gebietes.

Kontrollen waren überall an der Tagesordnung. Eigens für diesen Zweck ausgesuchte »Pir-Beschauer« überprüften mit unterschiedlichen Methoden die Güte des Sudes. So ist zum Beispiel überliefert, daß das Bier auf Holzbänke gegossen wurde. Bierprüfer in Lederhosen setzten sich für eine vorgegebene Zeit auf die Bank und erhoben sich nach Ablauf der Frist gleichzeitig. Blieb die Bank an den Hosen kleben, galt das Bier als geraten. Wenn nicht, drohten verschiedene Strafen, von denen das Wegschütten oder ein verbilligter Verkauf noch die harmlosesten waren. In Regensburg etwa mußten die

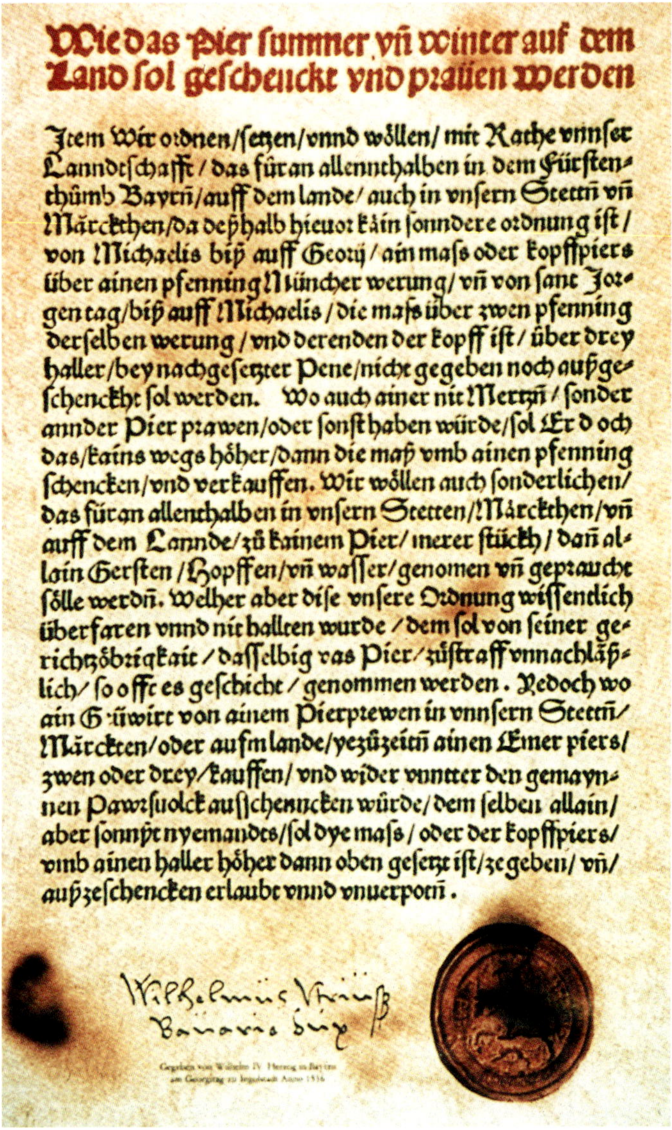

Wie das Pier summer vñ winter auf dem Land sol geschenckt vnd prauen werden

Item Wir ordnen/setzen/vnnd wöllen/ mit Rathe vnnser Lanndtschafft/ das füran allennthalben in dem Fürstenthumb Bayrn/auff dem lande/ auch in vnsern Stettn vñ Märckthen/da deßhalb hieuor kain sonndere ordnung ist/ von Michaelis biß auff Georij/ ain maß oder kopffpiers über ainen pfenning Müncher werung/ vñ von sant Jorgen tag/biß auff Michaelis/ die maß über zwen pfenning derselben werung/ vnd derenden der kopff ist/ über drey haller/bey nachgesetzter Pene/nicht gegeben noch außgeschenckht sol werden. Wo auch ainer nit Mertzn/ sonder annder Pier prawen/oder sonst haben würde/sol Er doch das/kains wegs höher/dann die maß vmb ainen pfenning schencken/vnd verkauffen. Wir wöllen auch sonderlichen/ das füran allenthalben in vnsern Stetten/Märckthen/vñ auff dem Lannde/zů kainem Pier/merer stückh/dañ allain Gersten/Hopffen/vñ wasser/genomen vñ gepraucht sölle werdñ. Welher aber dise vnsere Ordnung wissentlich überfaren vnnd nit hallten wurde/dem sol von seiner gerichtzöbrigkait/dasselbig vas Pier/zůstraff vnnachläßlich/so offt es geschicht/genommen werden. Yedoch wo ain Gäuwirt von ainem Pierprewen in vnnsern Stettñ/ Märckten/oder aufm lande/yezůzeitñ ainen Emer piers/ zwen oder drey/kauffen/vnd wider vnnter den gemaynnen Pawrsuolck außschencken würde/dem selben allain/ aber sonnßt nyemandes/sol dye maß/oder der kopffpiers/ vmb ainen haller höher dann oben gesetzt ist/zegeben/vñ/ außzeschencken erlaubt vnnd vnuerpotñ.

Gegeben von Wilhelm IV. Herzog in Bayern am Georgitag zu Ingolstadt Anno 1516

Die Originalurkunde des Reinheitsgebotes von 1516

Das Reinheitsgebot von 1516

»Wir verordnen, setzen und wollen mit dem Rat unserer Landschaft, daß forthin überall im Fürstentum Bayern sowohl auf dem Lande wie auch in unseren Städten und Märkten, die keine besondere Ordnung dafür haben, von Michaeli bis Georgi eine Maß[1] oder ein Kopf[2] Bier für nicht mehr als einen Pfennig Münchener Währung und von Georgi bis Michaeli die Maß für nicht mehr als zwei Pfennig derselben Währung, der Kopf für nicht mehr als drei Heller[3] bei Androhung unten angeführter Strafe gegeben und ausgeschenkt werden soll. Wo einer aber nicht Märzen-, sondern ein anderes Bier brauen oder sonstwie haben würde, soll er es keineswegs höher als um einen Pfennig die Maß ausschenken und verkaufen.

Ganz besonders wollen wir, daß forthin allenthalben in unseren Städten, Märkten und auf dem Lande **zu keinem Bier mehr Stücke als allein Gersten, Hopfen und Wasser** verwendet und gebraucht werden sollen. Wer diese unsere Anordnung wissentlich übertritt und nicht einhält, dem soll von seiner Gerichtsobrigkeit zur Strafe dieses Faß Bier, so oft es vorkommt, unnachsichtlich weggenommen werden. Wo jedoch ein Gauwirt von einem Bierbräu in unseren Städten, Märkten oder auf dem Lande einen, zwei oder drei Eimer[4] Bier kauft und wieder ausschenkt an das gemeinsame Bauernvolk, soll ihm allein und sonst niemand erlaubt und unverboten sein, die Maß oder den Kopf Bier um einen Heller teurer als oben vorgeschrieben ist zu geben und auszuschenken. Auch soll uns als Landesfürsten vorbehalten sein, für den Fall, daß aus Mangel und Verteuerung des Getreides starke Beschwernis entstünde (nachdem die Jahrgänge wie die Gegend und die Reifezeiten in unserem Lande verschieden sind), zum allgemeinen Nutzen Einschränkungen zu verordnen, wie solches am Schluß über den Fürkauf ausführlich ausgedrückt und gesetzt ist.«

Anmerkung: Der Originaltext wurde der heutigen Sprache angepaßt.

[1] eine bayerische Maß = 1,069 Liter

[2] etwas weniger als eine Maß

[3] ca. 1,5 (damalige) Pfennige

[4] 1 Eimer = etwa 64 Maß Bier

»pierbrauer und pierschenken ihr eigenes, elendes Pier selber trincken«. Verordnungen und Strafen zeigten Wirkung: Bayerisches Bier – zumindest aber das in den Städten – wurde immer besser.

Bis zum 23. April 1516 galten alle Vorschriften stets nur für ein begrenztes Gebiet. Jeder Landstrich, jede Stadt hatte – wenn überhaupt – ihre ureigenen Bier-Verordnungen. Das änderte sich schlagartig, als an jenem denkwürdigen Apriltag der Bayerische Landstädtetag ein Gesetz erließ, das als »Reinheitsgebot« in die Geschichte eingehen sollte. Zwar schrieben Landadel und Ritterschaft unter dem Vorsitz der gleichberechtigt regierenden Brüder Herzog Wilhelm IV. und Herzog Ludwig X. damals nichts wirklich Neues fest, wie einige Beispiele bisher schon zeigten, aber diese älteste lebensmittelrechtliche Verordnung der Welt galt eben erstmals für ein ganzes Land. In anderen deutschen Ländern unterstand das Brauen dem bürgerlichen Recht, die jeweiligen Verordnungen kamen von den Stadtverwaltungen oder von den Zünften. In Bayern galt nun Landesrecht.

Doch das war lediglich eine Basis, die im Laufe der Zeit durch individuelle Vorschriften ergänzt oder sogar erweitert wurde. So wurde in München zum Beispiel bereits 35 Jahre nach Inkrafttreten des Reinheitsgebotes eine Verordnung erlassen, die neben »gerst, guetten hopffen und wasser« auch »hepffen«, Hefe, zum Brauen vorsah. Also wußten schon zu jener Zeit die Brauer, daß sich die Gärung mittels der Hefe künstlich herbeiführen läßt. Und nicht nur das. Sie kannten auch verschiedene Hefen, obergärige wie untergärige. Jene Verordnung enthielt einen Hinweis auf die »untergier«, die untergärige Brauweise, ein neuartiges Verfahren, das bald beliebt wurde, obwohl es – weil die untergärige Hefe kühle Temperaturen benötigt – das Brauen auf die Zeit zwischen September und April beschränkte. Ein herzoglicher Erlaß von 1553 für das Land Bayern schreibt diese »Brau-Saison« ausdrücklich vor; das beweist, daß untergäriges Bier das obergärige in der Gunst der Durstigen überholt hatte.

Das bayerische Reinheitsgebot wurde bald im gesamten Deutschland zum Vorbild für neue Brauvorschriften. Zwar wurde es vorerst nirgendwo wörtlich übernommen, aber es galt zumindest als Maßstab für gutes Bier. Die im Jahr 1709 erlassene »Bier-Ordnung« des Herzogs Eberhard Ludwig zu Württemberg und Teck schrieb die Zutaten vor und sicherte zugleich dem Volk das Brotgetreide:

»... Derohalben soll zu dem Brauen neben Hopffen und Wasser anderst nichts als Gersten – doch daß solche, so viel immer müglich, außer Lands gekauft und herein gebracht werde – zur Malzung gebraucht und darvon gut gerechtes Tranck und Bier gesotten werden.« Und im nächsten Absatz wies der württembergische Regent gleich auf die Bedeutung des Reifens hin: »Und damit zur Sommers- und Winters-Zeit dem Bier sein gewohnlicher Sud und Kiel gegeben werde, so solle man es nicht zu jung angreiffen, sondern wohl verjähren und zur Läuterung wenigst 8 Tag lang liegen lassen.«

Trotz dieser eigenen umfassenden Vorschriften übernahm Württemberg im Jahre 1900 das bayerische Reinheitsgebot; das Nachbarland Baden hatte das bereits vier Jahre zuvor getan. Ab 1906 galt es dann im gesamten deutschen Kaiserreich. Das Reinheitsgebot wurde Bestandteil des Biersteuer-Gesetzes. Als die Weimarer Republik die Monarchie ablöste, übernahm sie auch das Reinheitsgebot. Ganz freiwillig tat sie das jedoch nicht: Der Freistaat Bayern hatte 1918 gewarnt, er werde der Republik nur dann beitreten, wenn dieses Gesetz auch im gesamten Reichsgebiet gelte. Die Begründung: »Die Erfahrungen haben gelehrt, daß das Reinheitsgebot ein stets gleichbleibendes und einwandfreies Produkt mit größter Sicherheit zu gewährleisten vermag und gesundheitliche Schädigungen des Verbrauchers, wie sie bei der Verwendung von Ersatzstoffen nicht selten zu beobachten waren, nicht herbeiführt.«

Diesem Argument können sich heute noch nicht einmal die nivellierungswütigen EU-Bürokraten verschließen. Auch sie haben bestätigt, daß nach dem Reinheitsgebot gebrautes Bier ein traditionelles und schutzwürdiges Produkt ist. Das ändert aber nichts daran, daß nach einem Urteil des Europäischen Gerichtshofes aus dem Jahr 1987 auch jene Biere hierzulande »verkehrsfähig« sind, die nicht nach dem Reinheitsgebot gebraut wurden, sofern diese den Bestimmungen ihres Herkunftslandes entsprechen und für den Verkauf in Deutschland die Zutaten auf dem Etikett angegeben sind.

Abgeschafft ist das Reinheitsgebot damit nicht. Nach deutschem Recht sind die inländischen Brauer nach wie vor an dieses nützliche, vorbildliche Gesetz gebunden.

DER DURCHBRUCH GELANG IM LETZTEN JAHRHUNDERT

Zweifellos hatte das Bierbrauen im Mittelalter erhebliche Fortschritte gemacht. Die vielerorts gültige Vorgabe, nur bestimmte Getreidesorten als Rohstoff zu verwenden, kann rückblickend als wichtigster Schritt zum wirklich guten Bier bezeichnet werden. Der Hopfen löste zumindest in einigen Bieren die vielerlei anderen, oft höchst unappetitlichen Zutaten ab, die für Geschmack und Haltbarkeit sorgen sollten. Mit dem Einsatz der Hefe ließ sich die Gärung gezielt auslösen. Und das Entstehen von gewerblichen Brauereien und Brauerzünften löste zum einen Konkurrenzdenken und zum anderen Berufsstolz aus; beides zusammen war der Qualität der Biere unbestritten förderlich.

Dennoch stagnierte diese auf einem Niveau, das weit unter dem heutigen liegt. Woran aber nicht die Brauer schuld waren; auch den größten Könnern waren von den damaligen Gegebenheiten Grenzen gesetzt. In Regionen, in denen es auch im Winter nie richtig kalt wurde, konnten sie stets nur obergäriges Bier brauen. Und wer untergäriges herstellen wollte, mußte notgedrungen in der warmen Hälfte des Jahres pausieren. Die Wirkung der Hefe war zwar bekannt und wurde auch genutzt, doch die Brauer hatten diese Zutat noch nicht im Griff. Es kam immer wieder zu unkontrollierten Gärungen, und manches Bier wurde sauer.

Die Biere des Mittelalters waren dunkel, trübe und nur mäßig – falls überhaupt – gehopft; für den heutigen Gusto wären sie wohl durchweg zu süß. Daran änderte sich bis ins 19. Jahrhundert nichts. Dies erst war die Epoche, die aus dem Bier das machte, was wir heute kennen und schätzen. Viele der Erfindungen, die im letzten Säkulum gemacht wurden, erleichterten den Brauern die Arbeit.

Das 19. Jahrhundert war die »Eiszeit« der Brauer. Damals kamen die untergärigen Biere in Mode. Diese waren haltbarer und auch voller als die obergärigen Sorten, brauchten aber niedrige Gärtemperaturen und eine längere Lagerzeit. Also konnten sie nur dort hergestellt werden, wo tiefere Durchschnittstemperaturen herrschten und die Brauereien große, kühle Sommerkeller anlegen konnten, etwa im alpennahen Bayern, in Teilen Frankens und in Oberschwaben. Zum Teil wurden sogar stillgelegte Bergwerke dazu genutzt, das Bier bis zum Ende des Sommers kühl zu lagern.

Zur Kühlung dieser Keller und des darin lagernden Bieres brauchten die Brauer riesige Mengen Natureis. Das mußte manchmal über weite Strecken bis zum Bestimmungsort transportiert werden – ein teures und aufwendiges Verfahren, das sich nur wenige Brauhäuser leisten konnten. Welche Ausmaße diese Kühlung mittels Natureis annehmen konnte, ist am Beispiel der Karlsruher Brauerei Hoepfner zu sehen. Die baute 1886 ihren dritten Keller für fast 235 000 Zentner Eis. Das wurde im Winter auf riesigen Haufen außerhalb gelagert und erst im Laufe des Frühjahrs in die Keller geschafft. Die amerikanischen Brauereien sollen im Jahr 1875 insgesamt 30 Millionen Tonnen Eis verbraucht haben.

Die berühmten bayerischen Biergärten sind übrigens eine Folge jener »Eiszeit«: Auf den in Anhöhen getriebenen Lagerkellern wurden als zusätzlicher Schutz vor Erwärmung schattenspendende Kastanien gepflanzt. Die Brauhäuser erhielten die Genehmigung, Bier »ab Keller« auszuschenken, durften aber kein Essen verabreichen. Seither ist es noch in vielen bayerischen Biergärten Brauch, daß zum Bier unter den Bäumen Mitgebrachtes verzehrt werden darf.

Die Erfindung der Ammoniak-Kältemaschine im Jahr 1877 durch Carl von Linde machte die Verwendung von Natureis schließlich überflüssig. Nun konnte auch im Sommer unter-

Im 19. Jahrhundert wird das Brauen zur Industrie: Die Bremer Brauerei Beck & Co. im Jahre 1893

Früher Export: Bremer Bier 1906 auf Ceylon

gärig gebraut werden, und die Biere ließen sich lagern, ohne daß dafür umständlich Eiskeller angelegt werden mußten. Allerdings waren diese Maschinen sehr teuer, zu teuer für viele kleine Brauhäuser. Die konnten deshalb in dem rasch wachsenden Markt der untergärigen Biere nicht mehr mithalten. Im letzten Viertel des 19. Jahrhunderts gab es zwar hierzulande 19 000 Brauereien, aber schon damals begann das »Brauereisterben«. Es klingt absurd, doch die Technik – eigentlich ein Glücksfall für die Branche – hat dazu wesentlich beigetragen. Denn wer sich teure Maschinen nicht leisten konnte, war nicht länger konkurrenzfähig und mußte aufgeben.

So manches Brauhaus blühte freilich dank dieser Technik erst auf. Zu den innovationsfreudigsten Brauern des letzten Jahrhunderts zählten Vater und Sohn Gabriel Sedlmayr aus München. Der Senior setzte als erster in Deutschland eine Heißluftdarre anstelle der bis dahin üblichen Rauchdarren auf und arbeitete in seiner Spaten-Brauerei auch mit der ersten Dampfmaschine Münchens. Die, von dem Schotten James Watt erfunden, machte es möglich, die Produktion zu steigern und die Temperaturen besser zu regeln. Sein Sohn, ein Anhänger der untergärigen Brauweise, installierte erstmalig ein Kühlschiff aus Metall zum Kühlen der Würze und baute einen Eiskeller, in dem die Luft zirkulierte. Als Lindes Kältemaschine dann funktionstüchtig war, stellte Sedlmayr Junior die erste dieser Maschinen bei sich auf.

Aber nicht nur die Techniker, auch die Naturwissenschaftler hatten an der Entwicklung des Bieres beträchtlichen Anteil. Auf Wunsch französischer Brauer befaßte sich der Chemiker Louis Pasteur in den 70er Jahren des 19. Jahrhunderts intensiv mit der alkoholischen Gärung, die nicht immer so ablief, wie sie sollte. Er fand heraus, daß dafür Keime verantwortlich waren und riet den Brauern zu strengster Hygiene beim gesamten Herstellungsprozeß. Überdies entwickelte Pasteur auch ein Verfahren zur Haltbarmachung des Bieres mittels kurzzeitiger, schonender Erhitzung, das nach ihm benannte Pasteurisieren. Dieses Verfahren machte es möglich, Bier zu brauen, das mehrere Monate haltbar war und sich gut transportieren ließ.

Auch die Arbeit des Dänen Emil Christian Hansen war für das Brauwesen unschätzbar wichtig. Der Botaniker ging im Auftrag der Carlsberg-Brauerei der Hefe auf den Grund und wies nach, daß es nicht nur unter- und obergärige, sondern auch eine Vielzahl von Heferassen mit unterschiedlichen Eigenschaften gibt. Ihm gelang als erstem die Reinzucht von Bierhefezellen. Seither sind die individuellen Reinzuchthefen der Brauereien ein Garant für gleichbleibendes Bier.

Wenn wir heute überwiegend blanke, klare Biere trinken können, verdanken wir das dem Bayern Lorenz Enzinger. Er schuf 1878 in Worms einen Bier-Filtrierapparat. Zwei Jahre später wurde die Kohlensäure als Druckmittel beim Faßbier-Ausschank als Patent eingetragen.

Im 19. Jahrhundert wurden aber nicht nur neue Verfahren zur effizienteren und besseren Bierherstellung erfunden, es kamen auch neue Sorten auf den Markt. Ein Meilenstein in der Geschichte des Brauwesens war sicherlich das unüblich helle, besonders klare und für damalige Verhältnisse bittere Bier untergäriger Brauart, das 1842 in der böhmischen Stadt Pilsen erstmals gebraut wurde. An der Entwicklung dieses Bieres soll der bayerische Braumeister Josef Groll aus Vilshofen zumindest maßgeblich beteiligt gewesen sein – wenn dieses »Pilsener« nicht sogar seine alleinige Schöpfung war. Erfahrung mit untergärigem Bier gab es in seiner Heimat ja zur Genüge. Dafür spricht die Tatsache, daß die untergärigen Biere im 19. Jahrhundert deutschlandweit »bayerische Biere«

BIER IM WANDEL DER GESCHICHTE

vor Christus	
um 4000	Die Sumerer brauen verschiedene Biere.
um 3300	In Ägypten ist das Brauen Staatsmonopol.
um 2000	Die Chinesen brauen Getränke aus Hirse.
um 1730	Der babylonische »Codex Hammurabi« sieht schwere Strafen für Bierpanscher vor.
um 1000	Germanische Stämme beginnen zu brauen.
nach Christus	
9. Jh.	Die Abtei St. Gallen braut in drei Brauereien auf eigenem Grund drei verschiedene Biere.
um 1000	Erstmals wird Hopfen anstelle der bis dahin zum Würzen des Bieres verwendeten Kräuter und Gewürze eingesetzt.
11. Jh.	In London und im norwegischen Trondheim bilden sich die ersten Brauer-Vereinigungen, die Vorläufer der später mächtigen Zünfte.
11.–13. Jh.	In europäischen Städten entstehen die ersten gewerblichen Brauereien.
1487	Der bayerische Herzog Albrecht IV. läßt Brauer in München auf eine Verordnung schwören, die lediglich Gerste, Hopfen und Malz für Bier zuläßt.
14. Jh.	Einbeck ist mit 700 Braustätten das deutsche Brauzentrum; zwar gibt es in dem Ort nur zehn Braumeister, aber diese brauen ambulant in jedem Bürgerhaus mit Braurecht.
1380	München hat drei gewerbliche Brauereien.
15. Jh.	Die Untergärung wird eingeführt, zum erstenmal wahrscheinlich in der Nähe Münchens.
1514	In Paris wird festgelegt, daß die Lehrzeit für Brauer drei Jahre dauern soll.
1516	Der bayerische Landstädtetag unter den beiden Herzögen Wilhelm IV. und Ludwig X. erläßt ein landesweit gültiges Gesetz, das die alleinige Verwendung von Gerste, Hopfen und Wasser zur Bierherstellung vorschreibt. Das Gesetz geht als »Reinheitsgebot« in die Geschichte ein und ist Basis vieler weiterer Vorschriften.
1551	Die Städtische Brauordnung von München erwähnt, daß die Gärung kein zufälliger Vorgang sei, sondern durch Zugabe von Hefe – auch untergäriger – gesteuert werden könne.

1612	Ein Braumeister aus dem für sein gutes Bier berühmten Einbeck braut im gerade erbauten Münchner Hofbräuhaus Bier auf Einbecker Art. Dieses starke »Ainpöckisch Bier« wird im Laufe der Zeit zu »Oanpock« und dann zu »Bockbier« verballhornt.
18. Jh.	Ab Mitte dieses Säkulums wird Märzenbier hergestellt, eine alkoholreichere Sorte, die bis in den März hinein gebraut werden kann.
1780	Das Weizenbier-Monopol der bayerischen Kurfürsten wird aufgehoben.
19. Jh.	In Deutschland gibt es 19 000 Brauereien. Untergärige Biere werden immer beliebter; im allgemeinen Sprachgebrauch heißen sie »Bayerisches Bier«.
1818	Die Heißluftdarre wird erfunden.
1830	In Berlin wird »Bayerisch Bier« gebraut.
1842	In Pilsen wird eine neue untergärige Sorte geschaffen, das helle und gut gehopfte Bier »Pilsener Brauart«, kurz Pilsener genannt.
70er Jahre des 19. Jh.	Louis Pasteur erforscht die alkoholische Gärung und ermahnt die Brauer zu Hygiene; er erfindet auch ein Verfahren zur schonenden Haltbarmachung von Bier (Pasteurisieren).
1877	Linde erfindet die Ammoniak-Kältemaschine, die das Anlegen von Natureis-Kellern überflüssig macht und das Vergären und Lagern von untergärigen Bieren erleichtert.
1881	Der Däne Hansen erforscht die Hefe; es gelingt ihm, Bierhefezellen erstmals in Reinzucht zu gewinnen.
1906	Das »Reinheitsgebot« gilt in allen Gebieten des deutschen Kaiserreiches.
1918	Auf Druck des Freistaates Bayern übernimmt die Weimarer Republik das »Reinheitsgebot« in das Biersteuergesetz.
1987	Der Europäische Gerichtshof urteilt, daß in Deutschland auch solches ausländisches Bier in den Verkehr gebracht werden darf, das nicht nach dem »Reinheitsgebot« gebraut wurde, sofern dieses den Bestimmungen des Herkunftslandes entspricht und für den Verkauf in Deutschland entsprechend gekennzeichnet ist. Für die Brauer in Deutschland gilt das »Reinheitsgebot« nach wie vor, wenn sie Bier zum Verkauf im Inland herstellen.

genannt wurden. Denen wurde das neue Pilsener ein scharfer Konkurrent. Nachdem es bald die österreichisch-ungarische Monarchie erobert hatte, sprang es in den 70er Jahren des 19. Jahrhunderts auch über deren Grenzen und wurde in der Hauptstadt des deutschen Reiches zu einem echten Modegetränk. Von Berlin aus machte das Pilsener einen Siegeszug durch ganz Deutschland, und dieser hält bis heute an.

Um die Jahrhundertwende stellten bereits einige deutsche Brauereien »Pilsener« her. Die Brauereien der Stadt Pilsen gingen mehrfach gerichtlich gegen die Verwendung dieses Sortennamens vor, vergeblich allerdings: »Pilsener« gilt als Sortenbegriff und darf überall verwendet werden.

Diese Sorte stellt die absolute Mehrheit unter den Bieren, die in Deutschland verkauft werden. Ihre Beliebtheit sollte jedoch niemandem den Blick versperren für die Vielfalt, die in unserem und in anderen Ländern gebraut wird. Allein in Deutschland hat der Genießer die Qual der Wahl unter gut fünftausend Bieren – Marken, nicht etwa Sorten, wie oft behauptet wird. Es war ein weiter Weg bis zu dieser Vielfalt, ein Weg, der über sechstausend Jahre in Anspruch nahm. Die entscheidenden Veränderungen haben aber erst die letzten zweihundert Jahre gebracht.

DER BIERDURST ALS WIRTSCHAFTSFAKTOR

Weltweit werden pro Jahr umgerechnet 252 Milliarden Halbliterflaschen Bier geleert. Das sind fast 4000 Liter pro Sekunde.

Bierdurst kennt keine Grenzen. Auf jedem Kontinent, in nahezu jedem Land wird Getreide in das schwach alkoholische und erfrischende Getränk verwandelt. Die Brauer schaffen Jahr für Jahr den sprichwörtlichen Biersee: 1996 setzten sie rund um den Globus gut 126 Milliarden Liter Bier ab. Da diese Zahl das Vorstellungsvermögen übersteigen mag, hier zwei anschauliche Vergleiche: Würde der weltweite Bierabsatz aus einem Jahr komplett in Halbliterflaschen abgefüllt, ließen sich mit den dafür nötigen Bierkisten 398 000 Türme von jeweils der Höhe des Mount Everest aufstapeln. Und die 252 Milliarden Flaschen ergäben, in eine Reihe gestellt, eine Strecke von 15 Millionen Kilometern, 375mal den Erdumfang.

Bier ist die tragende Säule von Konzernen mit Weltrang. Allein der amerikanische Brauriese Anheuser-Busch stellte 1997 107 Millionen Hektoliter Bier her, nicht viel weniger als alle deutschen Brauereien zusammen. Die zehn größten Braustätten der USA setzten 217 Millionen Hektoliter Bier ab, eine Menge, die den deutschen Durst mindestens zwei Jahre lang löschen könnte. Ein Viertel des Weltbedarfs an Bier wird allein von den fünf Giganten Anheuser-Busch (USA), Heineken (Niederlande), Miller Brewing Co. (USA), South African Breweries Ltd. (Südafrika) und Companhia Cervejaria Brahma (Brasilien) gedeckt. Allein die »Top 25« der internationalen Brauwirtschaft haben am Welt-Bierabsatz einen Anteil von sage und schreibe 59 Prozent: Das sind fast 750 Millionen Hektoliter.

Doch die Produktions- und Absatzmengen der Konzerne zeichnen teilweise ein schiefes Bild vom tatsächlichen Verbrauch im jeweiligen Land. So führen zum Beispiel die USA mit 234,8 Millionen Hektolitern die Rangliste der Länder an, die das meiste Bier absetzen, aber beim Pro-Kopf-Verbrauch standen sie 1996 mit 83,5 Litern lediglich auf Platz zwölf. Und China ist zwar mit 163,2 Millionen Hektolitern die Nation mit dem weltweit zweitgrößten Absatz, doch bringt es jeder Chinese im Schnitt nur auf 12,9 Liter Bier im Jahr.

GIGANTEN IM MARKT

Die 25 größten Brauereien der Welt

Nr.	Unternehmen	Land	Absatz in Mio. hl 1995	1996
1	Anheuser-Busch Inc.	USA	106,9	110,7
2	Heineken N.V.	Niederlande	64,3	70,6
3	Miller Brewing Company	USA	54,2	52,8
4	South African Brew. Ltd.	Südafrika	36,4	38,8
5	Comp. Cervejaria Brahma	Brasilien	36,4	38,3
6	Interbrew	Belgien	35,1	34,0
7	Carlsberg A/S	Dänemark	31,6	32,3
8	Kirin Brewery Co.	Japan	33,8	32,2
9	Cerveceria Modelo SA	Mexiko	25,2	27,5
10	Foster's Brewing Group	Australien	26,9	27,3
11	Coors Brewing Co.	USA	26,3	27,2
12	Guinness PLC	Großbritannien	24,3	26,0
13	Bavaria SA Santo Domingo Group	Kolumbien	25,6	25,3
14	Danone Group (Kronenbourg)	Frankreich	25,0	25,2
15	Asahi Breweries Ltd.	Japan	18,8	21,2
16	The Stroh Brewery Co.	USA	12,8	20,7
17	Cuauhtémoć-Moctezuma	Mexiko	19,4	20,5
18	Comp. Antartica Paulista	Brasilien	22,3	19,9
19	Scottish/Courage Ltd.	Großbritannien	18,8	18,5
20	Bass PLC	Großbritannien	14,0	14,8
21	Cerveceria Polar CA	Venezuela	14,8	14,0
22	San Miguel Corp.	Philippinen	14,1	14,0
23	Sapporo Breweries	Japan	13,1	13,5
24	Cervejarias Kaiser SA	Brasilien	–	12,3
25	Molson Breweries	Kanada	12,0	11,7

Quellen: Impact's 97 Annual Beer Study und 22. Statistischer Bericht des Deutschen Brauer-Bundes e.V., Bonn
Die Zahlen wurden teilweise korrigiert, um im Erfassungszeitraum zugekaufte bzw. verkaufte Tochtergesellschaften auszuschließen.
In den Absatzzahlen sind auch die jeweiligen Handels- und Lizenzwaren sowie die alkoholfreien Marken enthalten.

Das Brauen, einst beschauliches Handwerk, hat sich teilweise zu einer Industrie gigantischen Ausmaßes entwickelt. Große Brauereien wurden zunehmend mächtiger und übernahmen im Laufe der Zeit immer mehr kleinere Brauereien. Konzerne bildeten sich heraus, die in einigen Ländern den Biermarkt weitgehend beherrschen. So etwa die South African Breweries Ltd., die in ihrem Vertriebsgebiet mehr als neunzig Prozent des Bedarfs decken. In den USA dürfte Anheuser-Busch auch über vierzig Prozent Marktanteil haben. Von einem mittelständischen Brauwesen kann also – global gesehen – nicht die Rede sein.

Auf unserer Erde leben zur Zeit knapp sechs Milliarden Menschen. Rein rechnerisch trinkt jeder vom 1. Januar bis 31. Dezember 21 Liter Bier – Säuglinge, Alkoholabstinente und passionierte Weintrinker inbegriffen. Der Bierdurst ist freilich höchst ungleichmäßig über den Globus verteilt. Die wirklichen Zecher sitzen in Europa. Jeder Tscheche trank 1996 statistisch 0,43 Liter Bier pro Tag, der Deutsche kam auf 0,36 Liter, der Däne auf 0,33, der Ire auf 0,32 und der Österreicher auf 0,31 Liter. Das war pro Kopf und Tag immerhin noch ein relativ großes Glas Bier. Der Chinese schaffte in 24 Stunden gerade einmal anderthalb, der Chilene viereinhalb Schnapsgläschen voll Bier. Der Amerikaner brachte es 1996 auf 0,22 Liter Bier täglich, der Japaner auf 0,15 und der Argentinier nur noch auf 0,08 Liter.

EUROPA IST EIN KONTINENT DER RIESEN UND DER ZWERGE

Mehr als ein Drittel der weltweiten Bierproduktion stammt aus europäischen Sudkesseln. Zwischen Atlantik und Ural, zwischen Nord- und Mittelmeer befindet sich mehr als die Hälfte aller Brauereien der Welt. Allein die Mitgliedsstaaten der Europäischen Union löschen den globalen Bierdurst zu über einem Viertel – rein statistisch gesehen. In Wirklichkeit decken sie mit den überdurchschnittlich hohen Produktionen hauptsächlich den Eigenbedarf, der europaweit gesehen pro Kopf deutlich höher ist als in den meisten außereuropäischen Ländern.

Einige Länder in der Europäischen Union brauen jedoch weit mehr, als die Bevölkerung konsumieren kann. Selbst die trinkfesten Iren schaffen es nicht, die über acht Millionen

Hektoliter, die ihre sieben Braustätten jährlich ausstoßen, alleine zu verbrauchen: Sie exportieren vierzig von hundert Litern Bier, die auf der Grünen Insel gebraut werden. Auch den fünf Millionen Dänen sind die mehr als neun Millionen Hektoliter aus den 14 Brauereien des Landes zuviel. Sie exportieren fast ein Drittel davon ins europäische Ausland. Größter Bierexporteur Europas sind jedoch die Niederlande mit mehr als zwölf Millionen Hektolitern 1997, nahezu die Hälfte dessen, was die 17 niederländischen Braustätten produzieren.

Am Außenhandel mit Bier sind allerdings in jedem Land stets nur die größten Brauereien beteiligt. Die Wahrscheinlichkeit, irgendwo auf dem Erdball ein Heineken oder ein Guinness zu bekommen, ist riesengroß; dagegen ist die Chance, fernab ihrer Herkunftsländer ein Maastrichter Ridder oder ein Beamish aus Cork zu bekommen, so gering wie ein Haupttreffer in der Lotterie. Den Aufbau ausländischer, weit entfernter Märkte, den Transport der Ware dorthin und schließlich die Organisation eines funktionierenden Vertriebs vor Ort können sich nur wenige Unternehmen leisten. Vertriebspartner im Ausland finden nur solche Hersteller, die nennenswerte Mengen liefern können und pekuniär genügend potent sind, um die teuren Werbe- und Marketingmaßnahmen zu bezahlen, die notwendig sind, um einer Importmarke einen Markt zu schaffen.

Die Mitgliedsländer der Europäischen Union haben 1997 knapp vierzig Millionen Hektoliter Bier ausgeführt, vorwiegend in ihre jeweiligen Nachbarländer. Im Gegenzug führten sie gut 22 Millionen Hektoliter ein, auch die wieder bevorzugt im »kleinen Grenzverkehr«. Von dem Bier, das zum Beispiel in Italien getrunken wird, kommen 23 Prozent aus dem Ausland. Ein Fünftel des in Frankreich konsumierten Bieres ist importiert. Der größte Abnehmer von ausländischem Bier in der Gemeinschaft ist Großbritannien mit knapp 5,5 Millionen Hektolitern; und doch machen diese Importe nur neun Prozent des britischen Inlandsverbrauchs aus.

Der Europäer ist Individualist, wenn es ums Bier geht, um »sein« Bier. Jede Nation hat innerhalb der Sortenvielfalt ihre Favoriten, jedes Volk hält seinen Bierspezialitäten die Treue. Zwar wird auch hin und wieder Bier aus dem Nachbarland getrunken, vor allem in Grenznähe, aber alles in allem spielt der Außenhandel eine relativ kleine Rolle. Und Bier aus nichteuropäischen Staaten hat lediglich marginale Bedeutung:

BIERMARKT EUROPA

Die Brauwirtschaft der Europäischen Union

Land	**Anzahl Braustätten 1997**	**Ausstoß bzw. Absatz (Tsd. hl)**	**Pro-Kopf-Verbr. (Liter)**
Deutschland	1 269	114 800	131,1
Großbritannien	87	59 139	103,6
Spanien	21	24 879	67,0
Niederlande	17	24 701	86,4
Frankreich	20	19 483	37,0
Belgien	112	14 168	102,0
Italien	17	11 455	25,4
Österreich	54	9 366	113,3
Dänemark	14	9 181	116,7
Irland	7	8 152	123,7
Portugal	7	6 623	62,6
Schweden	40	4 858	61,7
Finnland	6	4 797	81,0
Griechenland	5	3 945	39,0
Luxemburg	5	481	80,0
EU gesamt	**1 681**	**316 028**	**82,0**

Quelle: 22. Statistischer Bericht des Deutschen Brauer-Bundes e.V., Bonn
Anmerkung: Der Pro-Kopf-Verbrauch läßt sich *nicht* aus dem jeweils angegebenen Ausstoß bzw. Absatz errechnen, da bei der Ermittlung dieses Verbrauchs eine ganze Reihe weiterer Faktoren zu berücksichtigen ist.

Wenn jemand in einem Blumenbeet sitzt, ist es überflüssig, ihm einen Strauß zu bringen.

Zwar ist Europa der »bunteste Biermarkt der Welt«, aber der ist höchst unterschiedlich strukturiert. Ein Blick auf die Produktivität in den einzelnen Staaten zeigt, daß es auch in Europa Länder gibt, in denen der Biermarkt von ein, zwei Konzernen beherrscht wird. Im kleinen Dänemark stellt die Carlsberg/Tuborg-Gruppe alleine mehr als siebzig Prozent des Inlandsabsatzes; die drei größten Brauereien des Landes liefern zusammen über neunzig Prozent der Produktion. In der stark konzentrierten niederländischen Brauindustrie entfällt mehr als die Hälfte der Absätze auf die zwei Marken Amstel und Heineken. Mit einem durchschnittlichen Ausstoß von 1,4 Millionen Hektolitern je Braustätte sind die Niederlande führend in Europa und liegen international mit an der Spitze. Dazu hat vor allem Heineken beigetragen.

Diese Brauereien und weitere Riesen wie die belgische Interbrew, die britische Guinness, die französische BSN-Danone oder die Österreichische Brau Union prägen das Bild des europäischen Biermarktes sehr stark. Auf dem europäischen Kontinent gibt es einerseits eine zunehmende Konzentration, andererseits aber noch immer eine Vielzahl von kleinen und kleinsten Brauereien, Garanten für jene einmalige Vielfalt und Individualität, die Europa zum schönsten Biermarkt der Welt machen.

DEUTSCHE BIER-VIELFALT SICHERT VIELE ARBEITSPLÄTZE

Unter den bierbrauenden Nationen zählt Deutschland zur Spitze. Nur die USA mit rund 235 Millionen und die Volksrepublik China mit 163 Millionen Hektolitern setzen mehr Bier ab als unser vergleichsweise kleines Land. Die 1269 Brauhäuser zwischen Flensburg und Füssen verkauften 1997 annähernd 11,3 Milliarden Liter Bier. Diese 113 Millionen Hektoliter blieben zum allergrößten Teil im Land. In die EU-Länder wurden 5,8 und in Drittländer 3,4 Millionen Hektoliter ausgeführt. Damit sind die deutschen Brauer nach den niederländischen die größten Bierexporteure innerhalb der Europäischen Union. Laut Außenhandelsstatistik ist Bier made in Germany hauptsächlich in Italien (1,5 Millionen hl), Großbritannien (1,5), in den USA (1,2) und im Nachbarland Frankreich (1,1) gefragt.

Die Ausfuhren machten 1997 acht Prozent des gesamten Ausstoßes der deutschen Brauwirtschaft aus. Dagegen nahmen sich die Einfuhren mit knapp 3,2 Millionen Hektolitern vergleichsweise bescheiden aus. Nicht einmal drei von hundert in Deutschland getrunkenen Bieren stammen aus dem Ausland. Die Präsenz bekannter Importmarken in Teilen der getränkeorientierten Gastronomie täuscht eine Bedeutung vor, die es in Wirklichkeit nicht gibt.

Die Befürchtung so mancher Brauer, nach dem Urteil des Europäischen Gerichtshofes von 1987 würde Deutschland von »unreinem« Bier überschwemmt, war völlig unbegründet:

Faßbier ist beliebter als Flaschenbier, macht aber nur gut ein Fünftel des gesamten Ausstoßes aus

Das Reinheitsgebot ist nach wie vor eine Barriere, die es vielen Braukonzernen unmöglich macht, im attraktiven deutschen Markt Fuß zu fassen. Nicht einmal jene ausländischen Konzerne, die sich an das Reinheitsgebot halten, können hierzulande nennenswerte Mengen unter das durstige Volk bringen. Mit gut einer Million Hektolitern war Dänemark 1997 der größte ausländische Bierlieferant der Deutschen, gefolgt von den Niederlanden (828 000 hl), der Tschechischen Republik (548 000 hl), Belgien/Luxemburg (399 000 hl) und Irland (195 000 hl).

Doch nicht nur das Reinheitsgebot macht es ausländischen Brauereien schwer, in Deutschland Kunden zu finden, auch die Vielfalt der inländischen Biere läßt eine Erweiterung des Angebotes eigentlich kaum noch zu. Mehr Brauhäuser als hierzulande finden sich lediglich in den Vereinigten Staaten. Aber selbst dort ist die Markenvielfalt längst nicht so groß wie in Deutschland: Zwischen 5000 und 6000 heimischen Bieren (nicht Sorten!) kann der deutsche Biertrinker wählen. Allerdings ist dies reine Theorie, denn ein Großteil dieser vielen Marken in unterschiedlichen Sorten wird nur »rund um den Kirchturm« verkauft. Zwischen Waterkant und den Alpen ist das Bier – abgesehen von den zwei, drei Dutzend national vertriebenen Marken – ein regionales Produkt. Die Brauwirtschaft ist ganz unterschiedlich strukturiert:

Knapp 68 Prozent des Gesamtausstoßes kommen aus den 51 Brauereien, die mehr als eine halbe Million Hektoliter pro Jahr produzieren. Die 377 Betriebe mit einem Ausstoß zwischen 10 000 und 200 000 Hektolitern steuern knapp 17 Prozent zur Gesamtmenge bei, gut zwölf Prozent entfallen auf die 43 Betriebe mit einer jährlichen Produktionsmenge zwischen 200 000 und 500 000 Hektolitern. Nur gut 2,5 Prozent Anteil am Gesamtausstoß haben jene 798 Brauereien, die weniger als 10 000 Hektoliter brauen.

Die Vielzahl der Klein- und Kleinstbrauereien wirkt sich auf die Produktivitätsstatistik natürlich negativ aus. Im Durchschnitt stößt eine niederländische Brauerei im Jahr rund 1,5 Millionen Hektoliter aus, eine spanische knapp 1,2 Millionen, eine französische über 970 000 und eine finnische sogar fast 800 000. Deutschland bildet mit etwas mehr als 90 000 Hektolitern pro Brauerei und Jahr das Schlußlicht innerhalb der Europäischen Union; selbst das kleine Luxemburg liegt um statistische 6 000 Hektoliter höher.

Auch beim Ausstoß pro Beschäftigtem steht Deutschland in der Europastatistik ziemlich weit hinten. Hier ist Irland mit 3882 Hektolitern in Führung, gefolgt von Italien (3625 hl) und Portugal (3486 hl); den hiesigen Brauern reichen ihre 2542 Hektoliter pro Brauereimitarbeiter nur für Platz acht.

Letzte Station in der Brauerei: die Abfüllanlage

DATEN ZUM DEUTSCHEN DURST

Getränkeverbrauch je Einwohner in Liter

Getränk	1993	1994	1995	1996	1997
Bohnenkaffee	176,4	169,3	164,6	163,5	160,3
Bier	**135,9**	**138,0**	**135,9**	**131,7**	**131,1**
Mineral-/Heilwasser	85,2	96,6	97,9	96,7	101,7
Erfrischungsgetränke	85,2	89,0	93,1	92,8	95,6
Milch	79,4	79,5	80,5	79,7	77,8
Fruchtsaft/-nektar	39,4	40,4	40,7	41,1	41,5
Tee	25,1	24,9	24,4	24,4	24,6
Wein	17,3	18,0	17,4	18,2	18,2
Spirituosen	7,0	6,7	6,5	6,3	6,1
Sekt	5,1	5,1	4,8	4,7	4,8
Kaffeemittel	6,6	6,1	4,4	3,5	3,5

BIERLAND DEUTSCHLAND

Die Bundesländer im Vergleich

Bundesland	Ausstoß (Tsd. hl) 1997	Braustätten 1997
Nordrhein-Westfalen	29 937	107
Bayern	24 800	698
Niedersachsen / Bremen	12 053	41
Rheinland-Pfalz / Saarland	8 877	39
Baden-Württemberg	8 619	169
Sachsen	7 681	38
Hessen	7 092	56
Schleswig-Holstein / Hamburg	4 663	16
Berlin / Brandenburg	4 383	32
Thüringen	2 600	51
Sachsen-Anhalt	2 154	12
Mecklenburg-Vorpommern	1 973	10
Deutschland gesamt	114 832	1 269

Quelle: 22. Statistischer Bericht des Deutschen Brauer-Bundes e.V., Bonn
Anmerkung: Der Ausstoß (= Produktion) ist nicht gleichzusetzen mit dem an anderen Stellen dieses Kapitels angegebenen *Absatz* der Brauereien.

Was durchaus als Vorteil gewertet werden kann. Denn mit insgesamt 44 000 Beschäftigten steht Deutschland als Arbeitgeber in der europäischen Brauwirtschaft ganz vorne und liegt weltweit mit an der Spitze. Mehr als tausend Auszubildende für gewerbliche und technische Berufe in Brauereien und Mälzereien verdanken ihre Stelle dem Bierdurst. Die inländische Brauwirtschaft zahlte 1997 über 2,8 Milliarden Mark an Bruttolöhnen und -gehältern, pro Beschäftigtem im Schnitt 66 000 Mark. Die Entgelte machten bundesweit 15 Prozent der Branchenumsätze aus. Mit einem durchschnittlichen Bruttostundenlohn von DM 21,40 standen die Beschäftigten in Brauereien und Mälzereien besser da als die in der Nahrungs- und Genußmittelindustrie (DM 16,82) und in der Gesamtindustrie (DM 19,32).

Am Bier hängen aber nicht allein die vielen Arbeitsplätze der direkt in den Brauereien Beschäftigten. Jeder dieser Beschäftigten nämlich schafft und erhält fünf Stellen in anderen Branchen, so zum Beispiel im Groß- und Einzelhandel, in der Papier-, Druck- und Glasindustrie sowie in der Energiewirtschaft. Brauereien mit zwanzig und mehr Beschäftigten verbrauchen pro Jahr knapp drei Millionen Kilowattstunden Gas und rund 1,2 Millionen Kilowattstunden Strom, ferner Heizöl, Kohle und natürlich Wasser.

Ohne Bier wäre es in der Gastronomie um Arbeitsplätze schlecht bestellt. Dieser Wirtschaftszweig setzt zwischen Neujahrsmorgen und Silvesternacht fast 15 Milliarden allein mit dem Ausschank von Pils & Co. um.

Besonders wichtig aber ist die Brauindustrie für einen großen Teil der Landwirtschaft. Die Partnerschaft zwischen Brauer und Bauer ist traditionell eng: Als Lieferanten von Braugetreide und Hopfen sind die Landwirte für die Bierhersteller unverzichtbar – und umgekehrt: Was hätten die Bauern mit den gut vier Millionen Tonnen Sommergerste der Ernte '97 angefangen, wenn sie ihnen nicht von den Brauereien abgenommen worden wären? Für die Herstellung von Bier im Inland wurden 1997 rund 1,9 Millionen Tonnen Malz gebraucht; der Bedarf wurde zu 81 Prozent aus inländischer Produktion gedeckt. Von den Einfuhren, 361 000 Tonnen, kam der größte Teil, nämlich 205 000 Tonnen, aus Frankreich.

Mit Hopfen können sich die heimischen Brauer ohnehin am besten im eigenen Land versorgen. Deutschland ist Hopfenlieferant der halben Welt; die Anbaugebiete Hallertau und Tettnang stehen bei Hopfenhändlern und Braumeistern gleichermaßen hoch im Kurs. Im Wirtschaftsjahr 1996/97 wurden in Deutschland auf gut 21 000 Hektar 675 000 Zentner Hopfen geerntet. Zusätzlich wurden 247 000 Zentner Hopfen importiert und schließlich 652 000 Zentner wieder exportiert. Die Einfuhren werden in Deutschland »veredelt«, das heißt zu Pulver und Extrakt verarbeitet, und anschließend wieder ausgeführt. Zum Brauen werden in Deutschland etwa 250 000 Zentner Hopfen gebraucht. Die inländische Ernte reicht also nicht nur gut aus, um den Bedarf der deutschen Brauer zu decken, der Hopfen aus Hallertau, Tettnang, Spalt und anderen deutschen Regionen ist überdies ein gefragter Exportartikel.

Die Freude der Mehrheit der Deutschen an einem gut gehopften Bier (Pils ist Favorit) sichert die Existenz von rund 2 800 Anbaubetrieben vom Bodensee bis nach Thüringen. Die Erlöse aus den Hopfenverkäufen summieren sich im Jahr zu mehr als 200 Millionen Mark.

Aber was ist das schon gegen die Summen, die der Fiskus von jedem schaumgekrönten Glas abschöpft! Allein mit der Biersteuer bitten die Finanzminister der Länder kräftig zur Kasse. 1997 flossen ihnen daraus knapp 1,7 Milliarden Mark zu – bundesweit 0,5 Prozent der kassenmäßigen Steuereinnahmen. Im Durchschnitt ist jeder Hektoliter Bier mit 16,46 Mark steuerlich belastet. Das freute 1997 vor allem den Finanzminister von Nordrhein-Westfalen: Der konnte 482 Millionen Mark Biersteuer verbuchen, mehr als jeder andere seiner Kollegen. Der bayerische Finanzminister dagegen mußte sich mit 130 Millionen Mark weniger begnügen. Was an der Vielzahl der kleinen Brauereien in seinem Freistaat lag: Für unabhängige Betriebe mit weniger als 200 000 Hektolitern Jahresausstoß gibt es auf der Grundlage einer Mengenstaffel Steuerermäßigungen. Je geringer der Ausstoß, desto weniger Steuern sind fällig. Auch dies ist ein Weg zur Erhaltung kleiner Braustätten und großer Vielfalt.

DAS ENDE DER LEGENDE VOM DICKMACHER

»Laßt unsere Nahrungsmittel Heilmittel und unsere Heilmittel Nahrungsmittel sein.«
(Theophrastus Bombastus Paracelsus, 16. Jahrh.)

Generationen von Medizinern haben gegen den Alkohol gewettert. Er galt als Wurzel vieler Übel und war als Dickmacher verschrieen. Doch erst in den letzten Jahren befaßten sich Wissenschaftler in aller Welt ernsthaft mit den Zusammenhängen zwischen Alkoholgenuß und Gesundheit. Allein in diesem Jahrzehnt erschienen rund dreitausend wissenschaftliche Arbeiten zu diesem Thema. Fazit: Wird Alkohol regelmäßig, aber in Maßen getrunken, ist er nicht nur völlig unschädlich, sondern sogar ausgesprochen gesund.

Als wertvollstes unter den alkoholischen Getränken hat die Wissenschaft das Bier ausgemacht. Sie hat damit jedoch nur bestätigt, was progressive Heilkundige schon vor über zweihundert Jahren wußten. Ein Doktor Henckel zum Beispiel hielt 1725 schriftlich fest: »An einem guten Biere ist mehr gelegen als an medizinischen Goldessenzen, Herzpulvern und derlei Siebensachen. Brauhäuser und Bierkeller sind die vornehmsten Apotheken.« Auch in einem Absatz des 1920 erschienenen »Handbuchs der Ernährungslehre« sind ein paar gewichtige Argumente pro Bier zu lesen:

»Bier nimmt einen oft vernachlässigten Platz in der Krankenbehandlung ein. Ein gutes Bier repräsentiert das beste alkoholische Getränk. Die leichten Biere vereinigen mit der schwachen Alkoholkomponente und mit einem ganz bestimmten Nährwert erfrischende Eigenschaften, gegeben durch eine glückliche Mischung von gelöstem Alkohol, Dextrin, Maltose, Bitterstoffen und Kohlensäure.«

Mit den »leichten Bieren« waren nicht etwa Light-Biere im heutigen Sinne gemeint. Die Verfasser wollten damit nur unterstreichen, daß Bier im Vergleich zu anderen alkoholischen Getränken tatsächlich »leicht« ist. Im Schnitt hat es um die fünf Prozent Alkohol, nur halb soviel wie Wein. Der im Bier enthaltene Alkohol ist also auf eine vergleichsweise große Menge Flüssigkeit verteilt und wird überdies immer mit einer beachtlichen Anzahl wertvoller Inhaltsstoffe eingenommen. Der Alkohol im Bier enthält im Gegensatz zu dem in manchen Spirituosen so gut wie keine schädlichen Begleitstoffe, sogenannte »Fuselöle«, die seinen Abbau beträchtlich verlangsamen. Dieser Bieralkohol greift daher auch nicht die Leber an, sondern regt sie im Gegenteil an zu einer erhöhten Produktion von Glykogen, jenem Stoff, den sie zu ihrem eigenen Schutz laufend selbst erzeugt.

Es ist eben nicht egal, über welches Getränk der Mensch Alkohol zu sich nimmt. Beim Verzehr gleich großer Mengen Alkohol über Bier, Wein und Spirituosen wird dieser beim Biertrinken langsamer aufgenommen als beim Konsum von Wein oder Spirituosen. Der Blutalkoholwert fällt bei einem Biertrinker deutlich niedriger aus als beim Wein- oder Schnapstrinker, außerdem wird der Alkohol von ihm zum Teil auch schneller abgebaut.

In jüngster Zeit waren es vor allem zwei Erkenntnisse, die das Bier vollends ins rechte Licht rückten. So haben internationale Studien gezeigt, daß Personen, die maßvoll Bier trinken, um die Hälfte weniger dem Risiko ausgesetzt sind, einen Herzinfarkt zu bekommen, als Alkoholabstinente. Die Studie von Prof. Dr. Ulrich Keil von der Universität Münster weist eine herzschützende Wirkung des Bieres unabhängig von Alter, Blutdruck, sportlicher Betätigung und Gewicht der Teilnehmer nach. Lebensverlängernd wirkt Bier freilich nur bei mäßigem Genuß. Die niedrigste Gesamtsterblichkeit hatten Keils Studie zufolge Männer mit einem durchschnittlichen Alkoholkonsum von 20 bis 40 Gramm pro Tag, was einem halben bis einem Liter Bier entspricht. Eine Frau sollte 20 Gramm (ca. 0,5 l) nicht überschreiten.

Auch die häufig geäußerte Befürchtung, Alkoholkonsum könne Krebs auslösen, wurde – im Hinblick auf das Bier – in Langzeitversuchen längst widerlegt. Eine 24 Jahre dauernde Untersuchung an 14 000 dänischen Brauereiarbeitern, die im Schnitt gut 77 Gramm Alkohol pro Tag zu sich nahmen, zeigte, daß der Bierkonsum dieser Gruppe nicht zu erhöhter Krebshäufigkeit und Gesamtsterblichkeit führte. Zum gleichen Ergebnis kam eine Studie über Todesursachen von Brauereimitarbeitern in Dublin: Auch die hatten, trotz durchschnittlich 58 Gramm Alkohol jeden Tag, kein höheres Risiko, an Speiseröhre oder Rachenhöhle, an Leber oder Mastdarm zu erkranken als eine vergleichbare Gruppe ohne diese tägliche Alkoholmenge. Die Lebenserwartung der trinkfesten Brauer war sogar etwas höher als die der anderen Testpersonen.

Entwarnung also für die Biertrinker. Sie sind für schwere Krankheiten nicht anfälliger als andere Menschen, und sie leben keineswegs ungesund, im Gegenteil. In Braugerste, in Hopfen und Hefe sind viele Stoffe enthalten, die dem Wohlbefinden und der Gesundheit des Menschen ausgesprochen zuträglich sind. So gilt Bier schon seit langem als probates Beruhigungsmittel. Gelegentlich wird es gar als Schlafmittel gepriesen, aber guter Schlaf ist nur eine indirekte Folge des Biertrinkens: Der Hopfen enthält unter anderem Lupulon und Humulon, zwei Substanzen, die sich zwar im Bier nur in Spuren nachweisen lassen, aber doch beweisbar beruhigend wirken. Sie bauen psychische Spannungen ab, die oft Ursache von Schlafstörungen sind. Ein übriges tut der Alkohol, der, in Maßen genossen, ebenfalls beruhigt.

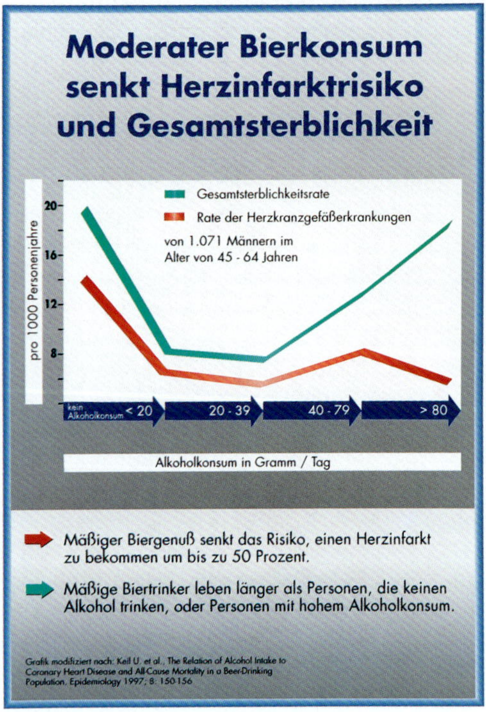

Bier beugt Erkrankungen vor

SCHLUCK FÜR SCHLUCK EINE WAHRE WOHLTAT

Daß Getreide eine Reihe wertvoller Stoffe enthält, wissen nicht nur jene, die sich morgens ihr Müsli gönnen. All diese Stoffe gehen selbstverständlich auch in das Bier über. Einige davon werden beim Mälzen noch zu ihrem Vorteil verändert. Bier ist so wertvoll wie Brot, es hat diesem sogar noch etwas voraus. Beim Mälzen und Maischen wird das Getreide sozusagen bereits »vorverdaut«. Der menschliche Organismus ist nicht in der Lage, alle im Brot enthaltenen Bestandteile vollständig aufzunehmen, auch wenn dieses Brot noch so sorgfältig gekaut und eingespeichelt wurde. Im Bier aber sind alle wichtigen Nährstoffe bereits in gelöster, resorbierbarer Form enthalten und brauchen nicht erst aufgeschlossen zu werden.

Auch wenn Brotgetreide nach dem Mahlen nicht gesiebt, sondern mit allen Bestandteilen gebacken würde, könnte der menschliche Organismus wegen der schlechten Verdaulichkeit von kleiehaltigem Brot nur etwa die Hälfte des Eiweißes und rund vier Fünftel der Kalorien wirklich nützen; der Rest würde unverdaut wieder ausgeschieden. Auch die Vitamine B_1 und B_2 können vom Darm nicht vollständig aus dem Brot herausgelöst werden. Mälzer und Brauer nehmen dem menschlichen Organismus also eine Aufgabe ab, die er ohnehin nie vollständig erfüllen könnte.

So ist es in der Tat nicht übertrieben, Bier als »gesund« zu bezeichnen. Ein Vollbier – also bis auf Starkbier, Light und Alkoholfreies alles, was auf dem Markt an Bier erhältlich ist – enthält im Schnitt rund 0,4 Prozent Eiweiß in Form hochwertiger Aminosäuren. Über die Hefe bekommt das Bier allein sieben Vitamine der wichtigen B-Gruppe; diese wirken positiv auf den Kreislauf, den Stoffwechsel, auf die Nerven und auf die Bildung von roten Blutkörperchen. Unverzichtbar für die Zellen des Körpers ist das Vitamin B_2, das Riboflavin. Ein Liter Vollbier liefert ein Fünftel des Tagesbedarfs von bis zu zwei Milligramm. Die Hälfte der nötigen Tagesmenge von 15 Milligramm an Nikotinsäure steuert ein Liter Bier bei; diese Säure, die mit dem Nikotin im Tabak wenig gemein hat, ist wichtig für den Stoffwechsel und für die Atmung der Zellen.

Bier enthält auch eine Reihe von Mineralstoffen, die der Organismus braucht. Natrium und Kalium, Magnesium, Kalzium und Phosphorsäure nimmt der Biertrinker ebenso zu sich wie das zur Bildung von Insulin in der Bauchspeicheldrüse wichtige Zink; er führt seinem Körper auch Eisen und Kupfer zu, die blutbildend wirken, außerdem Fluor, das die Zähne schützt. Auch wenn einige Stoffe das Bier lediglich in homöopathischen Dosen bereichern, genügt das bereits, um diesem Getränk das Prädikat »wertvoll« zu verleihen.

Nicht von ungefähr empfehlen Mediziner Bier zu den verschiedensten Anlässen. Bier bietet sich an für Sportler, weil es die Lungenventilation steigert und die Aufnahme von Sauerstoff beschleunigt, Ausdauer verleiht und auch die Konzentration fördert. Bier ist Vorbeugungs- und Heilmittel für die Nieren. Es wirkt bekanntlich harntreibend, regt die Nierentätigkeit an und beugt außerdem der Bildung von Nierensteinen vor. Es entwässert verschiedene Gewebe und verringert die Bildung von Ödemen. Eine Untersuchung der Harvard School of Public Health an 45 000 Männern ergab, daß das Risiko, Nierensteine zu bekommen, mit steigendem Bierkonsum (bis zu vier Glas am Tag) abnahm.

Bier enthält kaum Natrium, ist absolut frei von Fett und Cholesterin und vergleichsweise proteinarm. Daher eignet es sich ausgezeichnet als Ergänzung einer Diät bei erhöhtem Blutdruck und erhöhtem Blutfett, sofern bei dieser Diät maßvoller Alkoholkonsum gestattet ist. Eine eingeschränkte Kostform ist meist kein Vergnügen, aber sie kann durch die Zugabe von Bier erträglicher gemacht werden.

Sogar als Kosmetikum läßt sich Bier einsetzen. Zwar wird heute wohl niemand mehr dem Rat des Leibarztes von Friedrich Wilhelm III. folgen, welcher der unzureichend gerundeten Königin riet, sie solle »... den Busen dreimal täglich sehr gründlich mit Bier einreiben«, aber zur Reinigung der Haut ist Bierhefe allemal besser als jede Creme oder Lotion. Kluge Frauen wissen das und kaufen Bierhefe-Tabletten. Warum sie allerdings den teuren Umweg über die Apotheke gehen, bleibt ein Rätsel: Es ist erwiesen, daß die in ungefiltertem Bier (wie zum Beispiel Zwickel-, Kräusen-, Hefeweizenbier) noch enthaltene Hefe bekömmlicher ist als die in Tablettenform.

BIER MACHT NICHT DICK – ABER VIEL APPETIT

Vielleicht ist es die Furcht vor einer Gewichtszunahme, die Frauen zur Hefetablette statt zum Bierglas greifen läßt. Schließlich halten sie ja auch ihren Männern häufig genug

Jeder Schluck führt dem Körper Wertvolles zu

vor, einen Bierbauch zu haben und empfehlen ihnen zum Erreichen der Idealfigur die Mäßigung am Biertisch. Genau das ist ein Irrtum, der freilich weit verbreitet und nicht auszurotten ist. Tatsächlich ist so mancher vermeintliche Bierbauch nicht die Folge ungezähmten Durstes, sondern ungezügelten Appetits. Daran allerdings ist doch oft das Bier schuld.

Passionierte Frühschoppengänger treibt es meist bereits nach dem dritten Glas mit Macht an den häuslichen Tisch, vornehmlich dann, wenn sie Pils getrunken haben. Bier, vor allem das hopfenherbe Pils, hat die Eigenschaft, den Appetit anzuregen. Dafür sorgt nicht allein der Hopfen (aber der ganz besonders), auch Alkohol und Kohlensäure fördern das Verlangen nach Essen. Zusammen sind diese drei Stoffe als Aperitivum unschlagbar. Das wissen kluge Wirte, die ein kleines Pils als Aperitif nicht nur tolerieren, sondern sogar nachdrücklich empfehlen.

Für Appetitlose und schwache Esser ist Bier geradezu die ideale Medizin. Es regt den Appetit an und führt dem Körper auch noch pro Liter bis zu 500 Kalorien zu. Überdies sorgen die Inhaltsstoffe des Bieres dafür, daß der Organismus die aufgenommene Nahrung auch besser ausnutzt.

Für den normalen Esser können diese Eigenschaften des Bieres leicht zum Bumerang werden: Er nimmt mehr zu sich, als er eigentlich sollte oder wollte. Er legt folglich an Gewicht zu und glaubt allen, die für Bauch- und Hüftspeck Pils und Konsorten verantwortlich machen. Dabei könnte er diese Behauptung mit einem Satz ad absurdum führen und gleichzeitig ein sahneseliges Kaffeekränzchen zur Salzsäule erstarren lassen: »Drei halbe Liter Bier haben nicht mehr Kalorien als ein Stück Sahnetorte!«

Vom Bier allein ist noch keiner dick geworden, sondern höchstens – bei unmäßigem Konsum – aufgeschwemmt. Vollbier gehört zu den kalorienärmsten Getränken. Nur mit Kaffee, schwarz und ungesüßt, Tee und Mineralwasser läßt sich noch »linientreuer« trinken. Nicht einmal der Alkohol im Bier schlägt nennenswert zu B(a)uche, dazu ist er viel zu wenig konzentriert. Ein halber Liter Pils hat etwa 215 Kilokalorien, volkstümlich kurz Kalorien genannt, die gleiche Menge Orangensaft hat 240. Ein halber Liter Export bringt es auf 230 Kalorien, der halbe Liter Vollmilch oder trockener Weißwein auf 300, lieblicher Weißwein sogar auf 360.

Es gibt kein anderes Getränk, das so vielfältig positiv auf den Menschen wirkt wie das Bier. Es gibt auch keines, das dem heute oft geäußerten Wunsch nach naturbelassenen, unverfälschten Nahrungsmitteln derart weit entgegenkommt wie dieses. Nach dem Reinheitsgebot gebrautes Bier darf keine chemischen Zusatzstoffe enthalten, und gegen Rückstände von Chemikalien in der Landwirtschaft ist durch die Vorschriften eine Barrikade errichtet: Der Hopfen darf vier bis fünf Wochen vor der Ernte nicht mehr gespritzt werden; ähnliches gilt auch für die Braugetreide. Eventuelle Spuren von Rückständen sind in jedem Fall so minimal, daß sie sogar bei hohem Bierkonsum völlig unschädlich sind.

Es ist ein schöner Brauch, beim Zutrinken mit Bier »Prosit« zu sagen. Das lateinische Wort bedeutet »Es möge nützen«. Und das tut Bier auf jeden Fall.

SÄULEN DER VIELFALT: DIE ROHSTOFFE

Bier läßt sich aus vielen Zutaten brauen. Aber vier genügen bereits vollkommen für eine beispielhafte Qualität und Auswahl.

Ein »Reinheitsgebot« als solches gibt es nicht und hat es nie gegeben. Schon die Urfassung von 1516 – die ja auch kein Novum war, sondern nur landesweit festschrieb, was regional zum Teil schon längere Zeit galt – war nur Bestandteil einer weitergehenden Bier-Verordnung. Jene Vorgabe, »zu kainem pier merer stückh dan allain gersten, hopfen un wasser« zu gebrauchen, ist aber das Bedeutendste, was je zum Thema Bier geschrieben wurde.

Die Brauer in der Bundesrepublik Deutschland sind noch heute an das »Reinheitsgebot« gebunden, soweit es um Bier für den Inlandskonsum geht. Die Verordnung von einst, die als ältestes Lebensmittelrecht der Welt gilt, wurde ins Deutsche Biersteuergesetz aufgenommen, freilich nur sinngemäß und auch etwas erweitert. Das ursprüngliche Terzett der Zutaten wurde mit der Hefe – die damals zwar bekannt, aber in ihrer Wirkungsweise noch nicht erforscht war – zum Quartett erweitert. Das Biersteuergesetz schreibt auch nicht Gerste vor, sondern Malz. Aber es unterscheidet:

»Zur Bereitung von untergärigem Bier darf, abgesehen von den Vorschriften in den Absätzen 4 bis 6, nur Gerstenmalz, Hopfen, Hefe und Wasser verwendet werden.« Im nächsten Absatz ist festgehalten, daß zur Herstellung von obergärigem Bier auch anderes Malz verwendet werden darf. Auf jeden Fall ist mit diesen beiden Absätzen die Verwendung von sogenannter Rohfrucht, also von ungemälztem Getreide, ausgeschlossen. Wenn hin und wieder zu lesen ist, deutsches Bier dürfe lediglich Gerste oder Weizen in gemälzter Form enthalten, so ist das falsch: Die Hersteller von Roggenbier und Dinkelbier verstoßen nicht gegen geltendes Recht, das ja im zweiten Absatz nur »anderes Malz« vorsieht, aber nicht weiter einschränkt.

In nahezu allen übrigen Ländern ist es erlaubt und Praxis, der Maische auch ungemälztes Getreide oder andere stärkehaltige Produkte wie etwa Reis zuzufügen. Warum lassen die

Heute spielen nur Gerste und Weizen für das Brauen eine wesentliche Rolle

deutschen Vorschriften das nicht zu? Diese Frage ist ebenso schnell wie einfach zu beantworten: Rohfrucht als Zutat verlangt nach chemischen Zusätzen zur Erzeugung der Enzyme, die Stärke und Eiweiß abbauen und in lösliche Form überführen. Beim Mälzen entstehen diese Enzyme auf natürliche Weise. Bier nur aus Malz ist also ein durch und durch »unverfälschtes« Produkt. Warum sollten die Brauer ohne Not von diesem Verfahren abweichen?

Tatsache ist auch, daß ein nur aus Malz hergestelltes Bier bekömmlicher ist als eines aus Malz und Rohfrucht. Denn ungemälztes Getreide – sei es nun Mais, Hirse, Maniok, Reis oder was auch immer – dient beim Brauen fast ausschließlich als Quelle von Alkohol und Kohlenhydraten. Biere nur aus Malz haben eine höhere Nährstoffdichte und enthalten weniger Gärungsnebenprodukte, zum Beispiel Fuselöle, als jene, die auch mit einem Anteil Rohfrucht gebraut wurden.

Alle herkömmlichen Biere haben Gerstenmalz als Basis, auch die Weizen- und Roggenbiere. Erst dieser »Urstoff« macht Bier vollmundig, gibt ihm das typische Grundaroma. Außerdem sind Brauer davon überzeugt, daß Gerstenmalz Bier haltbarer mache. Allerdings argumentieren mit der besseren Haltbarkeit auch die Verwender von ungemälztem Getreide. Die Diskussion darüber ist müßig, weil wir uns nun einmal an jenen Biertyp gewöhnt haben, der entweder komplett oder aber zu einem Großteil aus Gerstenmalz gebraut wird. Wenn die ersten Brauer hierzulande ein anderes Getreide verwendet hätten, wären wir wahrscheinlich von dessen Geschmack nicht mehr abzubringen. Weil sich aber das Gerstenmalz längst als die optimale Bierbasis erwiesen hat, sollten wir heute froh darüber sein, daß Gerste in der Entstehungszeit der verschiedenen »Reinheitsgebote« das am wenigsten wertvolle Brotgetreide war. Denn diese Tatsache dürfte der eigentliche Grund dafür sein, daß gerade diese Sorte überhaupt zum wichtigsten Biergetreide werden konnte.

NICHT JEDE GERSTE DARF ZU BRAUMALZ WERDEN

Die Gerste, botanisch *Hordeum*, gehört zur Gattung der Süßgräser und ist wahrscheinlich schon seit der Jungsteinzeit bekannt, seit jener Zeit also, in der auch das Bier entstand. Vielleicht war es ja Wildgerste, die erstmals zum Gären kam und die Wurzel aller Biere ist? Die Kulturgersten werden unterteilt in vielzeilige und in zweizeilige Gersten. Die vielzeiligen Sorten, vor allem die vierzeilige, werden als Sommer- und Wintergerste kultiviert. Sie sind reich an Eiweiß und werden hauptsächlich verfüttert.

Vorwiegend wird die immens variantenreiche zweizeilige Gerste angebaut, meistens als Sommergerste. Es gibt sie als aufrechte und nickende Hauptgruppen in unterschiedlichen Typen. Zweizeilige Sommergerste ist eiweißarm und wird größtenteils zu Braumalz verarbeitet. Von den zwei Hauptgruppen hat sich die nickende als die zum Mälzen geeignetste erwiesen.

Die Mälzer, ohne deren Vorarbeit die Brauer hilflos vor den Kesseln stünden, haben die Qual der Wahl. Etwa dreihundert Sorten Sommergerste gibt es allein in Westeuropa, aber nur ein Teil davon ist auch wirklich optimal dafür geeignet, zu Braumalz verarbeitet zu werden. Braugerste gibt es heute in gut sechzig verschiedenen Sorten. Was über Malz zu Bier werden soll, muß sortenrein und gut keimfähig sein. Gleichmäßige Reife ist für Braugerste ebenso Voraussetzung wie gleichmäßige Korngröße, niedriger Wasser- und Eiweißgehalt sowie hoher Stärkeanteil.

Alkoholische Getränke lassen sich aus allen Rohstoffen herstellen, die vergärbaren Zucker oder Stärke enthalten. Es ist aber leichter, aus Trauben Wein zu bereiten als aus dem Getreide Bier. Denn der Zucker im Traubensaft läßt sich direkt zu Alkohol und Kohlendioxid (das Kohlensäure heißt, wenn es in Flüssigkeit gelöst ist) vergären, aber die Stärke im Getreide muß erst in vergärbaren Zucker umgewandelt werden. Das Brauen erfordert einen aufwendigen Arbeitsgang mehr als das Keltern: das Mälzen, die Vorstufe für das Brauen. Früher fand diese Arbeit in der Brauerei statt, war Bestandteil der Bierbereitung. Heute mälzen nur wenige Brauereien selbst; eigenständige Mälzereien übernehmen diese Arbeit im Auftrag.

Das Getreidekorn hat eine Reihe wertvoller Bestandteile, zum Beispiel Kohlenhydrate, Fette, Proteine, Vitamine und Spurenelemente. Diese Stoffe müssen zum Brauen aufbereitet werden. Zuerst wird die Gerste – oder eben Weizen bzw. ein anderes Braugetreide – gereinigt und sortiert. Die erste Phase des Mälzens ist das Einweichen, das etwa zwei Tage dauert. Im Wasser quellen die Gerstenkörner und beginnen zu keimen. Der Zusatz von keimungsfördernden Mitteln ist verboten. Die feuchten Körner nehmen bei richtiger Temperatur und ausreichender Sauerstoffzufuhr um ein Drittel an Volumen zu und »spitzen«, das heißt, sie bilden Keime. Der junge Trieb, Keim genannt, ernährt sich aus dem Eiweiß und der Stärke des Korns. Weil er aber die Stärke nicht verwerten kann, bildet er Enzyme. Das sind Eiweißstoffe, die zum Beispiel Kohlenhydrate in vergärbaren Malzzucker und Eiweiß in die für den menschlichen Organismus notwendigen Aminosäuren umwandeln können.

Die Enzymbildung wird verstärkt, wenn die feuchten Körner im Keimkasten oder auf großen Rosten etwa fünf Tage weiterkeimen. In der Phase, die er für am geeignetsten hält, stoppt der Mälzer das Wachsen des Keimes. Dabei ist es wichtig, den richtigen Zeitpunkt abzupassen: Hat die Gerste nicht lange genug gekeimt, ergibt sie eine unzureichende Würze. Wenn sie dagegen zu lange keimt, gehen zu viele ihrer guten Bestandteile in den Keim über und sind damit für den Brauer und auch für den Biertrinker verloren. In diesem Stadium heißt die Gerste Grünmalz. Der Keim hört auf zu wachsen, wenn das Grünmalz mittels Hitze getrocknet wird. Das Trocknen wird in der Fachsprache als Darren bezeichnet.

Bis ins 19. Jahrhundert wurde Grünmalz über Holzrauch getrocknet. Das Bier hatte dann stets einen mehr oder weniger ausgeprägten Rauchgeschmack. Bei der Herstellung des Malzes für Bamberger Rauchbier verfährt man noch heute auf

Gerste ist das wichtigste aller Braugetreide

diese Weise. Die üblichen Heißluftdarren werden aber indirekt beheizt und arbeiten geruchlos.

Malz ist nicht gleich Malz, auch wenn es nur aus einer Getreidesorte gewonnen wird. Über Temperatur, Belüftung und Feuchtigkeit, über Abstimmung der drei Faktoren aufeinander und über die Dauer des Darrens kann der Mälzer höchst unterschiedliche Malze gewinnen. So wird das für helle Biere langsam ansteigend bei 50 bis 80° Celsius und das für dunkle Biere bei gut 100° Celsius getrocknet. Auch bei farblich ziemlich gleichen Malzen gibt es Unterschiede. Es hängt von der Auswahl der Gerste ab, ob das daraus gewonnene helle Malz besser zum Brauen von Bier Pilsener Art mit weichem Wasser oder von Dortmunder Art mit härterem Wasser geeignet ist.

Je nach Dauer des Darrens und Temperatur haben die Malze nicht nur unterschiedliche Farben von lichtestem Gelb bis zu tiefstem Braun, sondern entwickeln auch ganz unterschiedliche Aromen. Es würde zu weit führen, hier alle möglichen Malze aufzuzählen; einige mögen als Beispiele genügen: In den Märzenbieren spielt »Wiener Malz« eine wichtige Rolle, in den etwas dunkleren des ursprünglichen Münchner Typs das »Münchner Malz«. Farbmalze verleihen dem Bier je nach Schüttung (jeweiliger Anteil des Malzes in der Maische) einen mehr oder weniger kräftigen Dunkelton, Karamelmalz unterstreicht die Vollmundigkeit.

OHNE HOPFEN WÄRE BIER NUR EIN FADER TRUNK

Malz ist der »Körper« des Bieres, der Hopfen aber ist die »Seele«. Er aromatisiert und stabilisiert das Getränk, er sorgt für festen Schaum und herben Geschmack. Obendrein enthält er eine ganze Reihe von Bestandteilen, die für den Menschen äußerst wertvoll sind. Deshalb verbietet es sich von selbst, ihn durch andere Zutaten zu ersetzen. Das wäre zwar möglich, aber der Qualität des Bieres abträglich. Für dieses Getränk gibt es kein besseres »Gewürz«.

Hopfen, mit dem botanischen Namen *Humulus lupulus*, ist eine Kulturpflanze, die fast ausschließlich zum Brauen verwendet wird. Nur ein Bruchteil der Ernte wird von der Pharmaindustrie für Beruhigungsmittel gebraucht. Weltweit werden jährlich etwa zweieinhalb Millionen Zentner in das angehende Bier gegeben; nahezu ein Drittel davon stammt aus deutschen Anbaugebieten. Die Hallertau (auch Holledau genannt) in Bayern ist das größte zusammenhängende Anbaugebiet der Welt und liefert jährlich mehr als 500 000 Zentner Hopfen. Auch Tettnang am Bodensee, das fränkische Städtchen Spalt und das böhmische Zatec (Saaz) sind für ihren Hopfen international berühmt.

Hopfen aromatisiert und stabilisiert das Bier

Der zur Familie der Hanfgewächse und zur Ordnung der Nesselgewächse gehörende Hopfen ist eine zweihäusige Pflanze. Das heißt, daß männliche und weibliche Blüten sich auf verschiedenen Pflanzen befinden. Der männliche Hopfen wird nicht einmal in der Nähe einer Hopfenanlage geduldet. Damit wird verhindert, daß weiblicher Hopfen befruchtet wird. Samen brächten nur unnötiges Gewicht, hätten aber keinerlei Wert für Brauer. Die können nur die Blütenstände (Dolden oder Zapfen) der weiblichen Pflanze gebrauchen. Denn allein diese Zapfen tragen am Fuß ihrer Blätter die klebrigen gelben Lupulinkörner, die ätherische Öle, Harze und Gerbstoffe enthalten.

Die Weichharze Humulon (Alphasäure) und Lupulon (Betasäure) bringen dem Bier die Bitterstoffe ein; sie wirken außerdem antibakteriell und sind demnach ein völlig natürliches Konservierungsmittel. Die Gerbstoffe im Hopfen fällen das Eiweiß aus, was der Stabilität des Bierschaumes, aber auch der Klarheit, dem Geschmack und der Haltbarkeit zugute kommt. Die ätherischen Öle schließlich prägen mit ungefähr 250 Substanzen das Aroma mit. Allerdings gehen diese Inhaltsstoffe beim Kochen der Würze zu einem großen Teil verloren. Doch dagegen läßt sich etwas tun:

Die Brauer geben den Hopfen so gut wie nie auf einmal in die Würze. Die »Hopfengaben« erfolgen vielmehr in Abständen. So kann ein Teil erst gegen Ende der Kochzeit, ein weiterer sogar danach noch zugesetzt werden. Wenn der Hopfen nicht mehr oder nicht mehr lange mitkocht, bleiben die geschmacksbildenden Öle weitgehend erhalten. Früher wurden Hopfendolden sogar in die Lagerfässer gegeben, aber dieses »Hopfenstopfen« ist – bis auf wenige Ausnahmen – heute nur noch Geschichte.

Ab Anfang September wird geerntet. Diese Arbeit, für die noch in den 50er Jahren Legionen von Saisonarbeitern zum »Hopfenzupfen« anreisten, wird heute mechanisch erledigt. Der Hopfen enthält bei der Ernte etwa achtzig Prozent Wasser und wird umgehend getrocknet. Je nach Bestandteilen wird grob unterschieden zwischen Bitterhopfen und dem weitaus teureren Aromahopfen. Beide Hauptgruppen gibt es in einer Vielzahl von Sorten, beide sind wichtig. Je nach Biertyp kann die eine oder andere vorherrschen.

Die Zugabe von Rohhopfen geht immer mehr zurück. Die Brauer verwenden lieber »Pellets« aus getrocknetem, pulverisiertem und gepreßtem Rohhopfen. Die »Pellets« können mit exakt den Alphawerten geliefert werden, die der Brauer wünscht. Zunehmend setzt sich auch der Gebrauch von Hopfenextrakt durch. Beide Hopfenprodukte – »Pellets« und Extrakt – enthalten sämtliche Bestandteile des getrockneten Rohhopfens in gleicher Menge und Güte. Im Gegensatz zum Rohhopfen, der schwieriger zu dosieren und nur begrenzt haltbar ist, bietet der verarbeitete Hopfen den Brauern eine ganze Reihe von Vorteilen.

HEFE MACHT AUS ZUCKER ALKOHOL UND MEHR

Ohne Hefe gäbe es keine alkoholischen Getränke. Auch wenn die Urfassung des »Reinheitsgebotes« diese Zutat nicht erwähnt, so hat sie doch zu allen Zeiten mitgeholfen, Alkohol zu produzieren. In der Frühzeit des Brauens haben die überall vorhandenen wilden Hefen die Gärung in Gang gesetzt. Besonders zahlreich kommen sie in Bäckereien vor. Deshalb geriet dort gebrautes Bier fast immer gut, und das war auch der Grund dafür, daß im Mittelalter das Braurecht besonders oft an Bäcker vergeben wurde.

Was wir als Hefe bezeichnen, ist eine Ansammlung von Hefepilzen, einzelligen Organismen in zylindrischer, ovaler oder kugeliger Form, die sich durch Zellsprossung vermehren. Von den zahlreichen Hefearten sind im Zusammenhang mit Bier nur jene interessant, die aus Zucker Alkohol und Kohlensäure bilden können. Die ursprüngliche Bierhefe ist die obergärige, *Saccharomyces cerevisiae*. Sie vergärt den Malzzucker der Bierwürze bei Temperaturen zwischen 15 und 25° Celsius. Nach der Fermentation steigt die Hefe an die Oberfläche – daher der Name obergärig – und wird von dort abgeschöpft. Diese Hefeart nutzen auch die Brenner.

Die untergärige Hefe heißt *Saccharomyces carlsbergensis* nach der Brauerei, in welcher der Däne Hansen die verschiedenen Heferassen isolierte und damit den Grundstein zu der üblichen Reinzucht legte. Untergärige Hefe will es bei ihrer Arbeit kühl haben; zwischen 4 und 9° Celsius sind optimal. Sie setzt sich am Ende der Gärung auf dem Boden ab. Die Untergärung dauert etwa acht, die Obergärung dagegen nur fünf bis sechs Tage.

Hefe löst die Gärung aus

Schon im Mittelalter wußte man, daß die Hefe wirkt, man wußte allerdings nicht, wie sie wirkt. Das fand erst Louis Pasteur heraus. Die Enzyme der Hefe »fressen« Malzzucker und scheiden ihn in Form von Alkohol, Kohlendioxid sowie einer Reihe von

Nebenprodukten wieder aus. Unbegrenzt tun sie das allerdings nicht: Wenn ein bestimmter Gehalt an Alkohol erreicht ist, stellen die Hefezellen, von denen zehn Millionen auf einen Kubikzentimeter gehen, ihre Arbeit ein.

Bierhefe ist ein höchst ökonomischer Rohstoff, da er sich während des Brauens selbst vermehrt. Nach der Gärung läßt sich das Drei- oder Vierfache dessen abschöpfen, was zu Beginn an Hefe in die Würze gegeben wurde. Theoretisch kann eine Brauerei mit einer Hefe unendlich brauen. Nach der Gärung wird sie gewaschen und bei Idealtemperaturen bis zum nächsten Brauvorgang aufbewahrt. Dies geschieht jedoch nicht allzuoft. Wenn die Hefe zwei- oder dreimal »geführt« wurde, wird sie durch frische ersetzt. Die Brauer fürchten, daß sie bei häufigerem Einsatz degeneriert.

Bierhefe bringt nicht nur Alkohol und Kohlensäure zuwege, sie trägt auch wesentlich zu Geruch und Geschmack des Bieres bei. Der Brauer kann über die verwendete Hefe das Verhältnis von Ester zu höheren Alkoholen steuern und so das Aroma des Bieres beeinflussen. Unterschiedliche Hefen ergeben unterschiedliche Geschmacksrichtungen. Das aber wollen die Brauer nicht. Deswegen kultivieren sie für ihre Sorten individuelle, jeweils identische Hefestämme, die ein immer gleiches Bier gewährleisten.

Die Einteilung in unter- und obergärige Hefen ist grob. Tatsächlich gibt es spezielle Hefen für jede Sorte und unter diesen wieder feine Nuancen. Die (obergärige) Weizenbier-Hefe des einen Brauhauses kann sich von der eines anderen grundlegend unterscheiden. Die eigene Hefe ist der Schatz jeder Brauerei. Die meisten haben ihre eigenen Reinzucht-Anlagen, in denen aus einer einzigen Zelle die benötigte Menge Brauhefe gezüchtet wird. Die hat dann dauerhaft die immer gleichen Eigenschaften, und so wird der Charakter eines Bieres von Sud zu Sud weitergegeben.

WASSER HAT IM BIER DIE ABSOLUTE MEHRHEIT

In der Bierwerbung wird oft die Qualität des Brauwassers herausgestellt. Mancher mag das vielleicht für übertrieben halten, denn schließlich schmeckt und riecht Wasser nach nichts. Was also könnte die Verbindung von Wasserstoff und Sauerstoff zum Gelingen des Bieres beitragen?

In der Tat eine ganze Menge. Bier besteht zu etwa neunzig Prozent aus Wasser; es ist im Grunde genommen nichts anderes als das »Kochwasser« des Malzes, angereichert mit Hopfen und schließlich vergoren. Wasser wird zum Reinigen gebraucht, denn in puncto Hygiene sind die Bierbrauer pingelig. Und Wasser wird zum Kühlen benötigt. Alles in allem verbraucht eine Brauerei fünf Hektoliter Wasser, um einen Hektoliter Bier herzustellen. Das ist zwar noch immer viel, aber nur noch ein Fünftel dessen, was noch vor wenigen Jahrzehnten nötig war. Die Brauer haben sich den ökologischen Notwendigkeiten angepaßt und sparen Wasser. Kühlwasser zum Beispiel läßt sich mehrfach verwenden.

Damit ist nun geklärt, warum Wasser für die Brauereien unentbehrlich ist, aber nicht, wie es sich auf das Bier selbst auswirkt. Um das zu erklären, muß man etwas ausholen:

Kein Wasser gleicht dem anderen, jedes schmeckt anders. Je nach dem Boden, durch den es gesickert ist, enthält es mehr oder weniger viel unterschiedliche Salze, wie Kalzium- und Magnesiumsalze. Die sind unschädlich und können, wenn sie in größeren Mengen vorkommen, ein Tiefenwasser sogar zum Mineralwasser befördern. Das Bier können sie aber auch nachteilig beeinflussen. Sie hemmen die Umwandlung der Getreidestärke in Malzzucker oder behindern die Hefe beim Auslösen der Gärung. Zusammen mit anderen Inhaltsstoffen machen die Salze die Härte eines Wassers aus; der Härtegrad des verwendeten Wassers prägt das Bier.

Grundsätzlich hat der Bierbrauer zwei Möglichkeiten: Er kann sein Bier dem örtlichen Wasser anpassen oder er muß das Wasser aufbereiten, um den Typ Bier brauen zu können, der ihm vorschwebt. Längst nicht alle Brauereien haben den idealen Standort, an dem ein Wasser verfügbar ist, das sich unverändert verwenden läßt. Pils zum Beispiel braucht ein Wasser mit niederen Härtegraden, wie es im Sauerland und im Siegerland vorkommt. Das klassische Dortmunder Export hingegen verlangt geradezu hartes Wasser, wie es in dieser traditionellen Bierstadt auch vorhanden ist.

Die Mehrheit der Brauer muß das Wasser auf ihr Bier »einstellen«. Meistens ist es zu hart und muß deshalb durch eine Enthärtungsanlage laufen. Auch vom Säuregrad des Wassers hängt viel ab: Ein Zuwenig an Säure intensiviert die Bitterstoffe des Hopfens, die dann aufdringlich derb wirken. Hat die Brauerei nur ein alkalisches, also wenig saures Wasser zur Verfügung, kann sie das ganz einfach durch Zugabe von gesät-

Bestes Wasser ist Hauptbestandteil aller Biere

tigtem Kalkwasser auf die richtigen Werte bringen. Der bessere Weg ist das Ausfiltern der Karbonatsalze mittels des Osmoseverfahrens oder – ganz aktuell – der Einsatz eines Ionenaustauschers. Wenn sich der Brauer aber mit dem gegebenen alkalischen Wasser behelfen will oder muß, kann er auch einfach weniger Hopfen zugeben.

Nicht alle Brauereien verfügen über eine Quelle oder einen Tiefenbrunnen mit idealem Wasser. Manche bedienen sich auch aus der örtlichen Wasserleitung. Das sollte niemanden schrecken, weil das Trinkwasser in Deutschland dank rigoroser Vorschriften und strenger Kontrollen rein ist wie das Bier. Und so streng wie die Vorschriften für Trinkwasser sind auch die Bestimmungen für das Brauwasser. Wenn es nötig ist, wird ihm Eisen entzogen, kann es entkeimt oder enthärtet, gefiltert oder gekocht werden, aber nie und nimmer dürfen ihm Chemikalien zugesetzt werden.

Jedes Brauwasser wird in regelmäßigen Abständen von Amts wegen kontrolliert. Die Beamten untersuchen es vor allem nach Schwermetallen, die sich im Grundwasser abgesetzt haben. An der medizinischen und hygienischen Güte der Brauwässer ist nicht zu rütteln. Die Brauer haben selbst das größte Interesse daran, nur mit absolut einwandfreiem Wasser zu arbeiten. Daß sie es oft für viel Geld aufbereiten müssen, ist unumgänglich, beeinträchtigt aber keineswegs die Qualität. Mit destilliertem Wasser, wie gelegentlich zu hören ist, arbeitet keine Brauerei. Denn Wasser, das keinerlei Inhaltsstoffe hat, gibt auch dem Bier nichts.

DER LANGE WEG VOM MALZ ZUR MOLLE

Das Bier entsteht in vier Abschnitten. Doch bis es endlich ein Genußmittel ist, vergehen im Idealfall einige Monate.

Es würde ein eigenes Buch, ein dickes Buch füllen, wollte man den Brauprozeß en detail und in den fast zahllosen Spielarten schildern, die trotz teilweise enger Vorschriften und der naturgegebenen Grenzen möglich sind. Wer einem Koch vier Zutaten gibt und ihm deren Dosierung und Dauer wie Art der Zubereitung überläßt, kann mit mehreren ganz unterschiedlichen Gerichten rechnen. Der Brauer hat noch mehr Spielraum: Er kann verschiedene Malze kombinieren und außerhalb vom Geltungsbereich des Reinheitsgebotes diesen auch noch Anteile von Rohfrucht zugeben. Er hat die Möglichkeit, der Würze Aroma- und Bitterhopfen von unterschiedlicher Provenienz und Sorte in verschiedener Reihenfolge und Dosierung beizugeben. Er greift auf individuelle, meist für seine Ansprüche selbst kultivierte Hefe zurück. Er kann in jeder Phase der Herstellung eigene Ideen in die Tat umsetzen, sofern er damit nicht gegen das geltende Recht verstößt. Aber für eine Schilderung alles Machbaren beim Brauen ist hier kein Platz. Eine grobe Beschreibung des Prozesses, wie aus Malz Bier wird, muß genügen.

BEIM MAISCHEN WIRD ZUCKER ZU STÄRKE

Das Malz, wie es aus der – selten hauseigenen – Mälzerei kommt, kann vom Brauer nicht verarbeitet werden. Es muß zuerst geschrotet werden. Die Schrotmühle liefert groben Grieß, feinen Grieß und Mehl, auch die Spelzen, von denen das Korn umschlossen ist, werden nicht ausgesondert. Das Verhältnis der unterschiedlichen Mahlgrade zueinander hat Einfluß auf die Qualität des späteren Bieres.

Ein Bier muß nicht aus einer Sorte Malz hergestellt sein. Der dominierenden Sorte werden häufig Anteile von Röst-, Karamel- und/oder Farbmalz beigegeben. In vielen Ländern besteht der Schrot für manche Biersorten aus nur etwa zwei Drittel Malz und einem Drittel Rohfrucht. Auch der geringere Anteil Malz liefert noch genügend Enzyme, um die im Getreide enthaltene Stärke in Zucker umwandeln zu können. Dies geschieht beim Maischen. Das Wort ist eine alte Form von »mischen«, und nichts anderes ist die erste Phase des Brauens: Der Schrot wird mit Wasser gemischt, erhitzt und zum Teil auch gekocht.

Das trockene, geschrotete Malz enthält nur drei bis vier Prozent Wasser, zu wenig, um die Enzyme, die beim Darren in der Mälzerei die Arbeit eingestellt haben, zu aktivieren. Die »erwachen« erst wieder, wenn der Schrot mit Wasser versetzt wird. Der Brauer nennt das Einmaischen. Mit der Wasserzugabe allein ist es allerdings nicht getan. Die Maische muß allmählich erhitzt werden, damit die Enzyme ihre Wirkung auch voll entfalten können. Es gibt zwei Grundverfahren des Maischens in mehreren Spielarten. Die einfachste dauert zwei, die komplizierteste bis zu sechs Stunden.

Beim Infusionsverfahren wird die Temperatur der Maische durch Zulaufenlassen von heißem Wasser bzw. durch direkte Erhitzung geregelt. Bei dieser einfachsten Methode wird die Maische nicht gekocht.

Bei dem wesentlich aufwendigeren Dekoktionsverfahren werden nur Teile der Maische aus dem Maischbottich entnom-

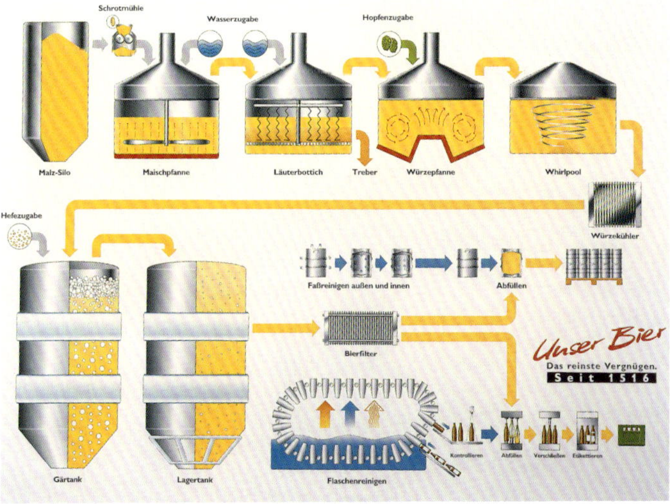

Das Werden des Biers – auf einen Blick

men, in der Maischpfanne gekocht und wieder zurück zur nicht gekochten Maische gegeben. Auf diese Weise wird die Gesamtmaische allmählich erhitzt. Dieser Vorgang kann mehrfach wiederholt werden.

Weil nicht die im Malz enthaltene Stärke, sondern nur Zucker vergären kann, muß diese Stärke in Zucker umgewandelt werden. Das besorgen Amylasen, stärkeabbauende Enzyme, in der erhitzten Maische. Andere Enzyme bauen die Eiweißstoffe ab, was Schaumbildung, Geschmack und Haltbarkeit des späteren Bieres beeinflußt.

Beim Maischen gehen die löslichen Schrotbestandteile im Wasser auf. Spelzen und andere unlösliche Stoffe müssen entfernt, die Maische muß »geläutert« werden. Man pumpt sie vom Maisch- in den Läuterbottich, der auf natürliche Weise wie ein Sieb wirkt: Nach etwa zwanzig Minuten »Maischruhe« haben sich die unlöslichen Bestandteile (»Treber«) im Läuterbottich abgesetzt. Die Spelzen halten den Treber so locker, daß die Flüssigkeit durch ihn abfließen kann. Zuerst fließt »Trübwürze« ab; diese wird wieder zurückgepumpt. Die blanke Flüssigkeit fließt als »Vorderwürze« in die dafür vorgesehene Würzepfanne. Die Treber werden aufgehackt und mit heißem Wasser versetzt (»angeschwänzt«), um die darin verbliebenen wertvollen Bestandteile zu lösen und abzulassen. Diese »Nachgüsse« enthalten natürlich nicht soviel Extrakte wie die »Vorderwürze«. Was zuletzt abläuft, heißt »Glattwasser« und kann beim nächsten Brauen wieder zum Einmaischen verwendet werden.

Der ausgelaugte Treber enthält viele wertvolle Nahrungsstoffe, vor allem Eiweiß. Er ist als Viehfutter begehrt, und so schließt sich nun der Kreis: Was die Brauer vom Getreide übriglassen, geht zurück zu den Bauern. Und das sind gewaltige Mengen. Von einem Zentner trockenen Malzes bleibt nach dem Maischen auch gut und gern ein Zentner Treber übrig mit einem Wassergehalt von achtzig Prozent.

Ein Blick ins Sudhaus bei Schultheiss in Berlin

DIE WÜRZE MACHT DEN BRAUER ZUM KOCH

Die von ihren Feststoffen befreite Maische heißt Würze. Sie ist süßlich, noch reichlich fade im Geschmack und anfällig für allerlei Bakterien. Beim Kochen wird die Würze erst zur eigentlichen Vorstufe des Bieres. Das überschüssige Wasser verdampft, die hohe Temperatur sterilisiert die Würze und zerstört die jetzt überflüssigen Enzyme. Gleichzeitig bekommt die Flüssigkeit durch die Hopfengabe zusätzlich Geschmack. Diese entscheidende Phase der Bierherstellung spielt sich in der Würzepfanne ab.

Je nach Sorte rechnet man für einen Hektoliter Bier mit 100 bis 400 Gramm Hopfen. Für ein Export wird nur etwa die Hälfte der Menge genommen, die einem Pils zugegeben wird, aber die genaue Dosierung hängt von vielen verschiedene Faktoren und von der Qualität des Hopfens ab. Über das Mehr oder Weniger entscheidet letztlich jedoch einzig das Fingerspitzengefühl des Braumeisters.

Ein Großteil des Hopfens wird gleich von Anfang an zur Würze gegeben. Die kocht je nach Biertyp eineinhalb bis zwei Stunden. Die Bitterstoffe des Hopfens gehen dabei in die Flüssigkeit über und schaffen einen Ausgleich zu dem süßlichen Malzgeschmack. Der wertvollere Aromahopfen würde bei diesem langen Kochen viel an Wirkung einbüßen. Also wird dieser – im Gegensatz zum Bitterhopfen – meist erst gegen Ende der Kochzeit und manchmal sogar erst danach zugesetzt.

Über die Dauer des Kochens kann der Brauer bestimmen, wie konzentriert die Würze sein soll. Mit der Würzspindel stellt er fest, wann der Extrakt aus Malzzucker, Eiweiß-, Aromastoffen und Vitaminen den erwünschten Anteil in der Würze erreicht hat. Dieser Stammwürzegehalt liegt bei einem Vollbier zwischen 11 und 14 Prozent und kann bei einem Starkbier bis zu 28 Prozent ausmachen.

Hohe Temperaturen zerstören die Enzyme. Das ist jetzt nötig, damit sich die Würze chemisch nicht mehr verändern kann. Das Kochen macht diese Würze zudem keimfrei und sorgt dafür, daß die Eiweißstoffe ausgeschieden werden, die sich nachteilig auf Haltbarkeit und Geschmack des künftigen Bieres auswirken würden.

Die gekochte Würze ist trübe, muß also gefiltert werden. Wenn mit Naturhopfen gebraut wurde, hat dieser unlösliche

Bestandteile hinterlassen, die ebenfalls entfernt werden. Im Hopfenseiher bleiben sie zurück. Dieses Sieb erübrigt sich überall dort, wo mit Hopfenextrakt oder »Pellets« gearbeitet wird. Einige Brauer lassen die Würze im Hopfenseiher zusätzlich über eine neue Portion Aromahopfen laufen und leiten so auf schonendste Weise weitere Geschmacksstoffe in das zukünftige Bier über.

Ein Teil der Trübstoffe ist schon beim Kochen der Würze in Form von Bruch ausgefällt worden. Der »Kältetrub« muß nach dem Kochen entfernt werden. Das geschieht entweder durch Ruhenlassen und gleichzeitiges Abkühlen der Würze, wobei sich der Trub absetzt, oder im Whirlpool, dessen Zentrifugalkraft die Trübteilchen ausscheidet.

Die Würze muß auf jeden Fall abgekühlt werden. Wenn sie zu untergärigem Bier werden soll, auf etwa 5° Celsius, weil es die untergärige Hefe kalt mag. Die Würze für obergäriges Bier darf wärmer sein. Die richtige Temperatur, im Sprachgebrauch der Brauer die »Anstelltemperatur«, ist die Voraussetzung für die nachfolgende Gärung.

ERST HEFE BRINGT DIE WÜRZE ZUM SCHÄUMEN

Bis jetzt ist das, was die Brauer geschaffen haben, nichts weiter als ein gewürztes Malzgetränk, ein »Hopfentee« mit Malzgeschmack. Erst die Hefe macht daraus das beliebte alkoholische Getränk. Die Gärung ist das Sprungbrett für die Würze in die Reihe der Biere. Nur von *der* Gärung zu sprechen, ist allerdings unzureichend, denn tatsächlich hat ein fertiges Bier zwei Gärungen hinter sich: die Hauptgärung im Gär- und die Nachgärung im Lagerkeller.

Früher genügte eine Minute im Gärkeller, um feststellen zu können, ob untergärig oder obergärig gebraut wird. War es empfindlich kühl, befand sich (angehendes) Pils, Export oder sonst ein untergäriges Bier im offenen Gärbottich. Ein vergleichsweise warmer Gärkeller versprach dagegen Alt, Kölsch, Weizenbier oder anderes Obergäriges. Die offenen Gärbottiche weichen zunehmend geschlossenen Gärtanks, und untergäriges Bier muß nicht mehr unbedingt so kalt wie einst vergoren werden: Moderne Gärverfahren arbeiten mit höheren Temperaturen (bis zu 20° Celsius) und viel schneller. Die Druckgärungsverfahren haben aber den Nachteil, oft

Biere hervorzubringen, deren Bitterkeit allzu ausgeprägt und deren Hefenote zu aufdringlich ist.

Bevor der Würze je nach gewünschter Bierart unter- oder obergärige Hefe zugesetzt wird (umgerechnet ein halber bis ein ganzer Liter je Hektoliter), muß sie mit Sauerstoff angereichert werden. Den braucht die Hefe, um wachsen und sich vermehren zu können. Die Untergärung auf klassische Art dauert acht bis zehn, die Obergärung nur fünf bis sechs Tage. Die einzelnen Gärstadien lassen sich am Aussehen der Würzeoberfläche (»Decke«) erkennen. Zuerst entstehen Schaumflecken (»Ankommen«), gefolgt von rahmartigem Schaum mit gekräuselten Gebilden (»Weißkräusen«). In der nächsten Phase wirkt die Hefe am stärksten, der Schaum verfärbt sich je nach Biertyp bis zur Cappuccinofarbe (»Hochkräusen«) und fällt einige Zeit später (»Durchbruch«) wieder zusammen. Im letzten Stadium, der »Schlauchreife«, ist die Decke über dem Jungbier nur noch dünn.

Neben der Unter- und der Obergärung gibt es noch eine dritte, die spontane Gärung mit wilden Hefen. Diese älteste Gärmethode wird heute noch zur Bereitung der Lambic-Biere in Belgien angewandt. Aus dem Schaum, den Brauer früher bei dieser wilden Gärung abschöpften und für die nächste Gärung einsetzten, entstanden die heute in Reinkultur gezüchteten obergärigen Bierhefen.

Die Hefe ist nach oben gestiegen, wenn obergäriges Bier gebraut wird; sie ist auf den Boden des Gärgefäßes gesunken, wenn untergäriges Bier entsteht. Sie hat in den letzten Tagen den Malzzucker zu gleichen Teilen in Alkohol und in Kohlen-

Der Brauer stellt den Stammwürzegehalt fest

dioxid umgewandelt und ganz nebenbei auch noch reichlich Eiweiß vertilgt, das die Brauer ohnehin nicht sehr schätzen. Und sie hat wesentlich zum Geschmack und zur Haltbarkeit des Bieres beigetragen.

Das bei der Hauptgärung entstandene Jungbier ist noch nicht perfekt vergoren, es ist trübe und geschmacklich noch nicht ausgeglichen. Es braucht weitere Behandlung und vor allem genug Zeit zum Nachreifen.

IM REIFEKELLER BEKOMMT BIER DEN LETZTEN SCHLIFF

Die Zeiten, in denen das »grüne Bier« in Eichenfässern nachreifen durfte, sind längst vorbei. Heute wird es in pflegeleichte Metalltanks gepumpt, die mit Sicherheitsventilen, den sogenannten Spundapparaten, versehen sind. Das ist nötig, weil sich im Bier beim Nachreifen neben etwas Alkohol auch weitere Kohlensäure bildet. Im geschlossenen Tank könnte das zu einem Überdruck und damit letztlich zu einer Explosion führen. Der Brauer kann über den Druck im Tank den Kohlensäuregehalt des Bieres beeinflussen.

Das Nachreifen im Tank ist die gängige Methode, aber es ist nicht die einzige. Einige Hersteller von Weizenbier, das in Bayern als Weißbier bezeichnet wird, halten an der aufwendigen Flaschengärung fest: Hefe wird beim Abfüllen zugegeben, das Bier gärt in der Flasche in Maßen weiter, es »lebt« sozusagen. Das richtige Quantum Hefe ist in diesem Fall besonders wichtig, denn zuwenig davon würde ein zu kohlensäurearmes Bier ergeben, zuviel Hefe ein Übermaß an Kohlensäure, das die Flasche sprengt.

Auch die Anhänger der Flaschengärung verfahren nicht nach einem einheitlichen Muster. Die einen geben für diese Nachgärung obergärige Hefe zu wie bei der Hauptgärung. Sie argumentieren, daß nur auf diese Weise die Merkmale des Weizenbieres unverfälscht erhalten bleiben. Andere lassen das obergärige Bier in der Flasche mit untergäriger Hefe nachgären. Die mache es stabiler, sagen sie.

Eine weitere Ausnahme von der üblichen Nachreifung in Drucktanks sind die ungespundeten Biere, die es vor allem in Franken noch bzw. wieder gibt. Sie gären ohne Überdruck nach und kommen als vergleichsweise kohlensäurearme »Kellerbiere« auf den Markt.

Sauberkeit ist das oberste Gebot in jeder Brauerei

Fast überflüssig, zu erwähnen, daß auch während dieser Zeit des Reifens das Bier vom Braumeister regelmäßig probiert wird. Er entnimmt es den Tanks über einen Hahn, der »Zwickel« genannt wird; der Probeschluck ist folglich das »Zwickelbier«. Da es mehr und mehr in Mode kommt, auch ungefiltertes, naturtrübes Bier zu trinken, heißen viele dieser Abfüllungen auch so. Ein ursprünglich brauereiinterner Begriff wurde damit zur Sortenbezeichnung.

Es dauert mehrere Wochen, in Einzelfällen sogar Monate, bis das Jungbier völlig ausgereift ist. Es hat sich mit natürlicher Kohlensäure angereichert, seine vielen aromatischen Bestandteile sind zu einer harmonischen Einheit geworden. Für den Gaumen wäre das Bier jetzt fertig, für das Auge ist es aber noch nicht soweit. Bis vor wenigen Jahren hatte Bier klar zu sein, jede Trübung wäre dem Brauer als Makel vorgehalten worden. Inzwischen hat es sich aber herumgesprochen, daß Bierhefe nicht nur Alkohol zuwege bringt und wesentlich zum Geschmack des Bieres beiträgt, sondern obendrein sehr gesund ist und eine schöne Haut macht. Also darf sie hier und da in ihrem Element bleiben, im Hefeweizenbier (mal grob, mal fein verteilt), im naturtrüben Pils, im Kräusenbock und in einem Zwickelbier zum Beispiel.

Zwar müssen auch die gefiltert werden, aber das geschieht anders als bei der Mehrheit der durchsichtig klaren, blanken Biere. Jedes Bier, ob es nun naturtrüb oder blank abgefüllt werden soll, muß von den darin verbliebenen Eiweißstoffen und Hopfenharzen befreit werden, denn die würden seine Haltbarkeit und seinen Geschmack beeinträchtigen. Das Entfernen aller Trübstoffe aus klar abzufüllenden Bieren ist ein zusätzlicher und überdies aufwendiger Arbeitsgang.

Neue Malz- und Hopfensorten im Test bei Bitburger

Das imaginäre Bier, dessen Werdegang wir auf den letzten Seiten verfolgt haben, kann tiefdunkel oder strohblond sein, hopfenherb oder malzigsüß, es kann leichtfüßig über die Zunge gehen oder wie Likör am Gaumen entlang, wie ein Blitz promilleproduzierend in die Blutbahn fahren oder ganz allmählich berauschen, es kann lange und mächtig »nachklingen« oder nur ganz dezent. In jedem Fall steckt in diesem Bier eine Menge Arbeit und Erfahrung.

Nachdem es gefiltert ist, wird es in Drucktanks gepumpt und unter Gegendruck schaumfrei abgefüllt. Die absolute Mehrheit kommt in Flaschen in den Handel, gut zwei Drittel des Ausstoßes. Faßbier hatte im letzten Jahr einen Anteil von 20 Prozent. Und 14 Prozent der deutschen Produktion 1997 wurden in Dosen abgefüllt. Blech aber ist für gutes Bier zweifellos die falsche Verpackung.

BIER – EIN BAUM MIT VIELEN ÄSTEN

»Wer die Wahl hat, hat die Qual.« Allein die Sortenvielfalt der Biere rechtfertigt dieses Sprichwort.

Niemand kann genau sagen, wie viele Biere es allein in Deutschland gibt. An die sechstausend, so wird geschätzt. Genaue Zahlen nennen zu wollen, wäre vergeblich, denn das Ergebnis ändert sich laufend: Brauereien schließen, andere eröffnen, dieser Brauer nimmt eine Sorte aus dem Programm, jener hat ein neues Bier geschaffen. Der Markt ist immerfort in Bewegung. Die zahllosen Marken, die rund um den Globus gebraut werden, bilden einen Dschungel, in dem jeder Interessierte bald die Orientierung verliert.

Doch selbst diese Vielfalt läßt sich ein wenig ordnen. Es gibt verschiedene Möglichkeiten, die Biere einzuteilen. Die einfachste ist die nach Arten. In Deutschland wird meist nur von zwei geredet: Bier der untergärigen und der obergärigen Art. Als Unterscheidungsmerkmal gilt die beim Brauen, genauer: bei der Hauptgärung verwendete Hefe. In Belgien verlassen sich die Erzeuger der Lambic-Biere jedoch nach wie vor auf die Arbeit der wilden Hefen. Diese durch Spontangärung entstandenen Biere bilden die dritte Art. Sie könnten freilich auch den Obergärigen zugeschlagen werden, da die wilden Hefen obergärig arbeiten.

Eine weitere Möglichkeit der Einteilung schuf das deutsche Biersteuergesetz. Je nach dem Stammwürzegehalt des Bieres wurde unterschieden zwischen Einfach- (2 bis 2,5%), Schank- (7 bis 8%), Voll- (11 bis 14%) und Starkbier (über 16 Prozent Stammwürzegehalt). Diese Gattungen waren die Basis der Besteuerung. Seit 1993 wird die Biersteuer jedoch je Prozent Stammwürze erhoben; die Lücken zwischen den bisherigen Stammwürzegrenzen konnten gefüllt werden, die Brauer haben seither mehr Spielraum.

Für den Biertrinker sind die Gattungen wenig interessant. Mehr als neunzig Prozent aller Biere sind Vollbiere. Einfachbier ist eine Marginalie im Markt, von den Schankbieren hat nur die Berliner Weiße (nicht zu verwechseln mit Weizenbier!) Bedeutung. Leichtbiere (Light) und alkoholfreie werden entweder als Vollbiere eingebraut und nachträglich teilweise oder ganz vom Alkohol befreit. Oder sie werden gleich als Schankbiere gebraut. Starkbiere sind eine Gattung für sich und als solche sofort am Alkoholgehalt zu erkennen. Der Alkoholgehalt hängt eng mit dem Stammwürzegehalt zusammen, was oft zu Verwechslungen führt.

Gerade auf dem Etikett von Starkbieren geben die Brauer gern den Stammwürzegehalt an. Wenn sich dann ein Zecher damit brüstet, vier Flaschen 18prozentiges Bier getrunken zu haben, ist er beileibe nicht so trinkfest, wie er meint (obwohl diese Menge Bockbier für sich genommen auch eine stramme Leistung wäre). Er hat Stammwürze mit Alkohol gleichgesetzt. Wenn ein Bier, um bei diesem Beispiel zu bleiben, 18 Prozent an Stammwürze hat, heißt das, daß in 1000 Gramm Bierwürze (das ist etwa ein Liter) vor dem Gären 180 Gramm »Extrakt« in Form von Malzzucker, Mineralien, Eiweiß, Vitaminen, Aromastoffen und einigen anderen natürlichen Substanzen enthalten waren. Was vom Malzzucker übrigbleibt, hängt davon ab, wie weit der Brauer das Bier vergären läßt. Als Faustregel kann gelten, daß etwa ein Drittel bis ein Viertel des Stammwürzegehaltes an Alkohol verbleiben.

Ob obergärig gebraut wie Weizenbier, Alt und Kölsch oder untergärig wie Pils und die verschiedenen Mitglieder der Familie Lager – von fast jeder Sorte gibt es Varianten und eine nahezu unendliche Vielfalt unterschiedlicher Marken

In angelsächsischen Ländern wird der Stammwürzegehalt in »o.g.«, in original gravity angegeben, basierend auf dem Faktor 1000. Die letzten zwei Ziffern der vierstelligen Zahl ergeben, durch vier geteilt, die bei uns übliche Angabe in Plato-Graden oder Prozent. Das Bockbier, das vorhin als Beispiel diente, könnte in einem anderen Land auf seinem Etikett auch »o.g. 1072« tragen.

WER ZÄHLT DIE SORTEN, NENNT DIE NAMEN?

Für den interessierten Biertrinker dürfte die Einteilung in Sorten die wichtigste aller möglichen sein. Kaum jemand käme auf die Idee, nach einem obergärigen Bier oder sogar nach einem Vollbier zu fragen. Aber die gängigsten Sorten sind jedem ein Begriff, auch wenn er nur eine davon schätzt und die anderen allenfalls vom einmaligen Probieren oder gar nur vom Hörensagen kennt.

Wie viele Sorten gibt es? Keineswegs Tausende, wie wohl mancher schätzen wird, der den häufig kolportierten »5000 Sorten allein in Deutschland« aufgesessen ist. Marken sind das, nicht Sorten – man kann es nicht oft genug wiederholen. Zwei, drei Dutzend Biersorten bringt man allerdings in Europa schon zusammen. Und viel mehr werden es auch global nicht sein, denn irgendwo sind der Kreativität des Brauers natürliche Grenzen gesetzt. Wer freilich jede Spielart einer Sorte als eigenständige Sorte ansehen will, braucht ein sehr großes Blatt zum Notieren. Die Zahl der Spezialitäten ist Legion, sie alle erfassen oder gar vorstellen zu wollen, ein hoffnungsloses Unterfangen. Es ist schon schwierig genug, die gängigsten Sorten eindeutig zu definieren, denn häufig sind die Grenzen fließend.

Bei der nachfolgenden Auswahl sind die Sorten unter den Bier-Arten aufgeführt, zu denen sie gehören. Denn die Hefe ist das erste und ein wichtiges, weil geschmackprägendes Unterscheidungsmerkmal.

UNTERGÄRIGE BIERE

Bock: Starkbiersorte mit einem durchschnittlichen Gehalt an Stammwürze von 16,5% und über 6% Alkoholgehalt. Sie läßt sich nicht eindeutig definieren, da es hellen und dunklen Bock, malzaromatischen und kräftig gehopften gibt; außerdem wird auch Weizenbock, also Bockbier obergäriger Art, angeboten.

Diätbier: Meist nach Pilsener Art gebrautes Vollbier (»Diät-Pils«), das weniger als 0,75% Kohlehydrat-Anteil aufweisen muß; herkömmliche Vollbiere haben 3% und mehr. Weil deshalb möglichst der gesamte Malzzucker in Alkohol und Kohlensäure umgewandelt, das Bier also stärker vergoren werden muß, enthält das Diätbier mehr Alkohol als viele andere Vollbiersorten (ca. 4,8%). Es gibt inzwischen aber die Möglichkeit, auch Diätbiere mit geringerem Alkoholgehalt, um die 3,8%, herzustellen.

Doppelbock: Nicht etwa doppelt so stark wie der normale → Bock, aber mit einem deutlich höheren Stammwürze- (über 18%) und Alkoholgehalt. Doppelbock ist sowohl hell als auch dunkel zu bekommen; die Markennamen enden oft auf »-ator«, z. B. Salvator.

Dunkles: Ein Bier vom Typ → Export, das mit viel kräftig gedarrtem Dunkelmalz gebraut wird. Intensives Maischen und mehrfaches Teilmaischen verstärken die Malznote. Das Dunkelbier wird in verschiedenen Farbschattierungen angeboten, teilweise ist es kräftig gehopft.

Eisbock: Variante des → Doppelbock mit etwa 28% Stammwürze- und um die 9% Alkoholgehalt. Der hohe Alkoholgehalt wird erreicht, indem man einem kräftig eingebrauten Starkbier durch Einfrieren Wasser entzieht.

Export: Eine vor allem in Bayern und Baden-Württemberg verbreitete Sorte und eigentlich eine Unterart des ursprünglichen → Lager. Im 19. Jahrhundert wurden alle untergärigen Biere als Lager bezeichnet, weil sie im Gegensatz zu den obergärigen haltbar waren, also gelagert werden konnten und eine gewisse Reifezeit (Lagerung) zur Förderung der Qualität brauchten. Jene Lagerbiere, die – mit über 12% Stammwürze – etwas stärker eingebraut wurden, um auch weite Transporte ins Ausland gut überstehen zu können, wurden als Export bezeichnet. Das klassische Export kommt aus Dortmund, ein helles und körperreiches Bier, dem die ausgeprägte Hopfenherbe des → Pilseners und dessen Spritzigkeit fehlen. Der süddeutsche Exporttyp ist um einiges malziger und noch weniger gehopft. Der Stammwürzegehalt des Exportbieres liegt üblicherweise zwischen 12,5 und 14, der Alkoholgehalt bei 4 bis 4,5%. Der Bitterstoffgehalt (BE) variiert stark und kann in Einzelfällen mit 28 BE an den von schwach gehopften Pils-Bieren heranreichen.

Helles: Eine besonders in Bayern weitverbreitete Untergruppe des → Export, aber weniger stark eingebraut (Stammwürze zwischen 11 und 12,5%, Alkohol 3,5 bis 4%); hellfarben, malzaromatisch und nur mäßig gehopft: Es hat in der Regel zwischen 18 und 26 Bittereinheiten. Helles wird auch unter anderen Bezeichnungen gehandelt, z. B. Original, Urbräu.

Lager: 1. Früher die Sammelbezeichnung für alle Biere der untergärigen Art; in englischsprachigen Ländern werden die Untergärigen noch heute pauschal Lager genannt. 2. Heute eine vereinzelt wieder verwendete Bezeichnung für untergärige Vollbiere mit weniger als 12,5% Stammwürze und mäßiger Hopfengabe, die sowohl als Helles Lager wie auch als Dunkles Lager angeboten werden. Die Grenzen zu → Export, Hellem und Märzen sind fließend, Lager ist daher nicht klar zu definieren.

Märzen: Kräftiges, malzsüßes und süffiges Bier der → Lager-Familie mit einem Stammwürzegehalt zwischen 12,5 und 14% und bis zu 4,5% Alkohol. Diese Sorte wurde nach dem Monat benannt, in dem es vor Erfindung der Kältemaschine zum letztenmal möglich war, zu brauen. Damit das Märzenbier den Sommer gut überstand, wurde es kräftiger gebraut als die anderen Sorten. Üblicherweise ist es dunkler als die Sorten → Hell und → Export und auch kräftiger gehopft (bis zu 30 BE). Ein Anteil von bis zu drei Vierteln dunklem Malz gibt ihm nicht nur seine typische sattgelbe Farbe, sondern ist auch für die oft spürbaren Röstaromen verantwortlich. Märzen und → Helles werden zu verschiedenen Gelegenheiten auch oft als Festbiere angeboten.

Pilsener: Meist kurz als Pils (auch Pilsner) bezeichnet und in Deutschland die mit großem Abstand beliebteste Sorte, 1842 in Pilsen – daher der Name – erstmals gebraut. Es ist in der

Regel heller als alle anderen Biere, charakteristisch sind der vorherrschende Hopfengeschmack und der sahnige, feine Schaum. Pils(ener) hat einen Stammwürzegehalt von über 11, aber selten mehr als 12%; der Bittergehalt liegt zwischen 28 und 40 BE, in Ausnahmefällen auch darüber. Innerhalb der Pilsener-Gruppe kann man zwischen vier verschiedenen Typen unterscheiden:

- Das *klassische Pils* hat zwar spürbaren Malzcharakter, ist jedoch hopfenbetont, vor allem im Abgang.
- Das *Sauerländer Pils* hat einen leichteren Körper als die anderen, läßt nicht sehr viel vom Malz spüren und zeigt eine nur verhaltene Bittere.
- Das *süddeutsche Pils* ist meist weniger stark vom Hopfen geprägt, aber malzaromatischer als der Durchschnitt.
- Das *norddeutsche Pils* ist deutlich hopfenbitterer und hat weniger ausgeprägte Malztöne als die anderen drei.

Das ist allerdings eine sehr allgemeine Unterscheidung. In der Praxis gibt es durchaus eine Reihe von Marken, die vom »Regionaltyp« abweichen. So haben einige süddeutsche Pilsener eine kräftige Hopfenbittere, und auch in Norddeutschland sind Marken zu finden, die vom Typ her eigentlich »Süddeutsche« oder »Sauerländer« sind.

Porter: Eigentlich gehört diese Sorte zu den → obergärigen Bieren und gilt als eine britische Spezialität. In wenigen anderen Ländern wird es jedoch untergärig eingebraut, in Deutschland z. B. von der Privatbrauerei Hoepfner in Karlsruhe. Seine Basis sind dunkle Malze, es wird kräftig gehopft und hat einen malzaromatischen Geschmack.

Rauchbier: Eine hauptsächlich in Bamberg und Umgebung gebraute Spezialität, die keine eigenständige Sorte, sondern eine Spielart des → Märzen ist. Das Gerstenmalz wird nicht wie üblich in der Heißluftdarre, sondern über einem Feuer aus Buchenholz getrocknet und dabei von dessen Rauch durchzogen. Dieser Rauchgeschmack geht ins Bier über. In einigen Ländern gibt es Whisky-Malz-Bier, dessen Gerstenmalz – wie das zur Herstellung schottischen Malt Whiskys – über Torffeuer getrocknet wurde.

Schwarzbier: Auch das ist weniger eine eigenständige Sorte als vielmehr eine Variante des → Dunklen. Dank reichlicher Verwendung dunkler Spezialmalze – nur aus Gerste – geraten die Schwarzbiere dunkler als die anderen Dunkelbiere. Sie haben einen Stammwürzegehalt von über 11 und einen Alkoholgehalt von 4,8 bis 5%.

OBERGÄRIGE BIERE

Ale: In Großbritannien und einigen anderen englischsprachigen Ländern steht dieses Wort als Oberbegriff für alle auf obergärige, also auf alte Art gebrauten Biere. Früher wurden damit sogar nur jene bezeichnet, die ohne Hopfenzugabe hergestellt wurden. In einigen US-Staaten müssen Biere mit mehr als vier Gewichtsprozenten (ca. 5% vol.) als »Ale« bezeichnet werden – eine völlig unsinnige Vorschrift, die lediglich Verwirrung stiftet. Wer in England einfach nur »Ale« bestellt, muß entweder mit der Rückfrage nach dem gewünschten Ale-Typ rechnen oder bekommt irgendein Bier vorgesetzt. Tatsächlich gibt es eine ganze Reihe von Ale-Varianten; die wichtigsten werden hier vorgestellt:

Barley Wine: In England gern gebrauchte Bezeichnung für das jeweils stärkste Ale des Hauses, hat mit Wein oder auch mit dem Gebrauch von Weinhefe zur Gärung nichts zu tun. An Wein erinnert allenfalls der für Bier hohe Alkoholgehalt.

Bitter Ale: In verschiedenen Ländern für unterschiedliche Biere verwendeter Begriff. In England ist damit ein kräftig gehopftes Ale gemeint, das hauptsächlich aus dem Faß ausgeschenkt wird. Im Geschmack können einzelne Marken sehr unterschiedlich sein, auch die Farbe variiert zwischen Bronze und gedunkeltem Kupfer. Allen gemeinsam ist aber die vom Hopfen herrührende Herbheit. Einfaches Bitter hat bis zu 4%, »Special« zwischen 4 und 5% und »Extra Special« über 5% Alkohol.

Brown Ale: Einheitliche Bezeichnung für allein in England zwei grundverschiedene Biere: In den nördlichen Regionen fällt Brown Ale rötlich aus, ist relativ trocken und mit bis zu 5% Alkoholgehalt vergleichsweise stark; im Süden des Landes ist diese Sorte dunkelbraun, süßlich und mit selten mehr als 3,5% Alkoholgehalt deutlich alkoholärmer als die Nord-Variante.

Irish Ale: Die irische Abart des eigentlich typisch englischen Ale ist rötlich und immer ausgeprägt malzig. Es ist fruchtig, oft leicht brotig, »butterig« und hat meist nur ein sehr schwaches Hopfenaroma.

Mild Ale: Das kann sowohl ein helles als auch ein dunkles Ale sein; meistens ist es kräftig im Geschmack und nicht übermäßig alkoholreich (3 bis 3,5%). Der Hinweis »mild« bezieht sich auf die geringe Hopfengabe; es ist also nur in der Bittere »mild«.

Pale Ale: Anders als der Name suggeriert, muß diese Sorte keineswegs »blaß« sein, sie ist meist bronze- bis bernsteinfarben mit gelegentlichen Anflügen von Rot. Eigentlich ist Pale Ale ein überwiegend in Flaschen vertriebenes → Bitter, das aber oft eleganter und feiner ausfällt als jenes. Seinen Namen hat es von dem zu seiner Herstellung verwendeten hellen Pale-Ale-Malz, das ihm eine Nußnote gibt.

Altbier: Der Name, oft zu Alt verkürzt, bezieht sich nicht auf das Alter des Bieres, sondern auf das der (obergärigen) Brauart. Die Sorte ist am Niederrhein und im Münsterland beheimatet und eng mit der britischen → Ale-Familie verwandt. Alt kann die Farbe von Kupfer, aber auch die dunklen Bernsteins haben. Charakteristisch ist ein ausgeprägtes Hopfenaroma, das durch Teilgaben beim Würzekochen und zusätzliche Gaben von Aromahopfen erreicht wird. Verschiedene Malze (helle, dunkle, Karamel- und Röstmalze) machen die oft gewaltigen Unterschiede zwischen den einzelnen Marken aus. Das Altbier kann zur Abrundung auch einen kleinen Anteil Weizenmalz (10 bis 20%) enthalten. Der Stammwürzegehalt liegt zwischen 11,2 und 11,9%, der Alkoholgehalt bei 4,5 bis 4,9%. Mit bis zu 38 BE kann es das eine oder andere Alt an Bittere selbst mit kräftig gehopftem Pils aufnehmen. Das Alt aus Düsseldorf (»Düssel«) ist dem → Kölsch ähnlicher als seinen niederrheinischen und münsterschen Vettern. Wenn es heller wäre, könnte man es mit dem einen oder anderen Kölsch verwechseln. Alt gibt es auch in den Varianten leicht und alkoholfrei.

Berliner Weiße: Im Gegensatz zu den anderen Sorten auf diesen Seiten, die bis auf Bock und Doppelbock durchweg Vollbiere sind, gehört diese zur Gattung der Schankbiere. Ihr

Stammwürzegehalt liegt im Schnitt bei 7,5%, der Alkoholgehalt bei etwa 2,8%. Basis der Berliner Weißen sind sowohl Gersten- als auch Weizenmalz. Ihre Besonderheit liegt in der Gärung, wo neben der obergärigen Hefe auch eine Mischung von Milchsäurekulturen eingesetzt wird. Die Milchsäuregärung ergibt diesen eigentümlichen, angenehm säuerlichen Geschmack. Berliner Weiße ist dunkelgelb und leicht hefetrüb; sie wird nicht in Fässer abgefüllt.

Kölsch: Diese Sorte darf nur in Köln und von ganz wenigen Brauereien in der näheren Umgebung gebraut werden. Im Gegensatz zum benachbarten → Alt ist das Kölsch hell und weniger hopfenbitter. Sein Stammwürzegehalt liegt bei 11,3 bis 11,8%, der Alkoholgehalt beträgt im Durchschnitt 4,8%. Es hat einen leichten Körper, dezente Fruchtigkeit und nur wenig Säure. Den Brauern ist es freigestellt, einen Anteil an Weizenmalz beizugeben, was die Fruchtigkeit unterstreicht und den Schaum stabilisiert.

Porter: In Großbritannien Anfang des 18. Jahrhunderts als leichteres Gegenstück zum körperreichen, herben → Stout geschaffenes dunkles Bier mit Röstgeschmack. In den letzten Jahren war es etwas in Vergessenheit geraten, wurde aber inzwischen »wiederbelebt«. Porter ist zwar leichter als Stout, aber das bezieht sich auf den Körper des Biers, nicht jedoch auf den Alkoholgehalt.

Roggenbier: Roggen ist kein typisches Braugetreide; er wird lediglich in Estland und Finnland (»Sahti«) vergleichsweise häufig eingesetzt. Aber seit ein paar Jahren befassen sich auch Brauer in einigen anderen Ländern mit diesem schwierig zu verarbeitenden Getreide. Der gemälzte Roggen wird mit einem kleineren Anteil (ca. 40%) dunklem und hellem Gerstenmalz eingemaischt und gebraut wie Weizenbier. Es weist auch durchaus Ähnlichkeiten mit jenem auf, sowohl was Stammwürze- und Alkoholgehalt, als auch was den Geschmack betrifft. Allerdings ist es fruchtiger, würziger und auch um eine Spur bitterer als das Weizenbier.

Stout: Oberbegriff für nahezu schwarze Biere aus extrem stark geröstetem Malz, dem teilweise auch ebenfalls kräftig geröstete Rohfrucht beigegeben wird. Man unterscheidet die folgenden Sorten:

Dry Stout: Herbes, vollmundiges Stout mit fruchtiger Säure, dessen berühmteste Vertreter aus Irland kommen. Es hat im Schnitt etwa 4% Alkohol, in den USA und einigen anderen Ländern manchmal auch doppelt soviel. Einige Marken dieser Variante enthalten ungemälzte, aber geröstete Gerste.

Imperial Stout: Diese Variante wurde ursprünglich als ein wärmendes »Winterbier« für Rußland gebraut; es ist mäßig herb, aber extrem alkoholreich (7 bis 10%).

Sweet Stout: Ein nur kurz gereiftes, schwach alkoholisches (3 bis 3,5%) Stout, dem vor dem Abfüllen Zucker zugesetzt wird – Zugeständnis an Konsumenten, die ihr Bier gern süß trinken, sei es mit Sirup (Berliner Weiße) oder mit Zucker. Um eine Vergärung dieses Zuckers zu verhindern, muß das Sweet Stout immer pasteurisiert werden. Eine Variante ist das Milk Stout, dem Laktose (Milchzucker) zugesetzt wird. Sweet Stouts gelten als Stärkungsmittel und sind geeignet als Begleitgetränk zu Desserts.

Trappistenbier: Diese Bezeichnung ist den Bieren vorbehalten, die in den sechs Brauereien des Trappistenordens (fünf in Belgien, eine in den Niederlanden) gebraut werden. Sie unterscheiden sich zwar in Geschmack (meist süß, selten herb) und Farbe, gemeinsam ist ihnen aber die obergärige Brauart, die Flaschengärung und der extrem hohe Gehalt an Alkohol, der zwischen 6 und 12% liegt.

Weizenbier: Die ursprünglich aus Bayern stammende und dort als Weißbier bezeichnete Sorte ist inzwischen in der gesamten Bundesrepublik verbreitet und zum wichtigsten obergärigen Bier avanciert. Basis sind 50 bis 80% Weizenmalz (nur ganz selten mehr), der Rest ist Gerstenmalz. Die obergärigen, speziellen Weizenbierhefen ergeben besonders große Anteile an höheren Alkoholen und Estern, beide tragen zur Charakteristik der Weizenbiere viel bei. Kräftig und vollmundig wird diese Sorte durch den Weizen. Damit das typische Aroma nicht verfälscht wird, sind Weizenbiere verhältnismäßig schwach gehopft. Kaum eine andere Sorte hat eine solche Bandbreite an Geschmacksrichtungen wie diese, die in drei Variationen angeboten wird: gefiltertes Kristallweizen, ungefiltertes Helles und Dunkles Hefeweizen; die Hefeweizenbiere unterscheiden sich zudem noch in Menge und Konsistenz der darin belassenen oder – im Fall der auch gebräuchlichen Nachgärung in der Flasche – wieder zugesetzten Hefe. Die jeweiligen Anteile der unterschiedlichen Malze, die der Farbgebung dunkler Hefeweizenbiere dienen, tun ein übriges zur Geschmacksvielfalt. Als Vollbier hat diese Sorte einen Stammwürzegehalt zwischen 11 und 14 und einen Alkoholgehalt von meist über 5%. Sie ist auch als Light (»leichte Weiße«) und als alkoholfreie Variante sowie in der Starkbier-Gruppe als Weizenbock und Weizendoppelbock zu haben.

SPONTAN VERGORENE BIERE

Lambic: Traditionelle belgische Sorte aus dem Sennetal, wo heute noch – südlich und westlich von Brüssel – knapp ein Dutzend Brauereien für Nachschub sorgen. Das Lambic-Bier unterscheidet sich in vielerlei Hinsicht von allen anderen obergärigen, mit denen es immerhin verwandt ist, weil die wilden Hefen, die primär seine Gärung auslösen (es wird von Fall zu Fall auch etwas obergärige Hefe zusätzlich beigegeben), ebenfalls obergärig arbeiten. Die Würze steht zum Auskühlen offen in einem durchlüfteten Raum, die wilden Hefen haben ungehinderten Zugang. Die spontane Gärung, die sie auslösen, lassen ein immer wieder anderes Bier entstehen – und das ist wohl der größte Reiz dieser Sorte. Die zweite Eigenheit des Lambic ist die Zugabe von ungemälztem Weizen, die ursprünglich eine Sparmaßnahme war: Die Bauern jener Gegend hatten Weizen auf ihren Feldern, die Gerste aber mußten sie kaufen. Da ein gewisser Anteil an gemälzter Gerste zum Vergären genügt, konnten sie ihren Weizen als Rohfrucht einsetzen. Dieser ungemälzte Weizen macht es nötig, die Würze sehr lange zu kochen, was sich auf das spätere Bier auch auswirkt. Traditionell wird Lambic mit abgelagertem Hopfen gebraut. Das wird damit erklärt, daß der Hopfen lediglich als Konservierungsmittel dienen, aber keinesfalls würzen soll, weil sein Aroma nicht mit dem dieses Bieres harmonieren würde. Abgelagerter Hopfen gibt kein Aroma mehr ab, konserviert aber sehr wohl noch. Das klassische, reine Lambic ist rar geworden, für einen Freund ungewöhnlicher Biere aber die Suche wert: Es ist ein stilles Bier, säuerlich und herb und von kräftigem Aroma. Als Basis von Varianten ist Lambic heute weiter verbreitet als in seiner klassischen, unverschnittenen Form:

Faro: Mit Kandis, Karamel oder Zucker gesüßtes Lambic, das zur Vermeidung einer Nachgärung pasteurisiert wird.

Früchtebier: Diese Sorte muß zwar nicht unbedingt Lambic als Basis haben, die Klassiker werden aber nur daraus bereitet. Meistens wird ein etwa sechs Monate (Frühjahr und Sommer) gereiftes Lambic mit einer Fruchtsorte für die weitere (Nach-)Gärung in Holzfässer gegeben. Im Laufe der langen gemeinsamen Reifung geht das Fruchtaroma eine harmonische Verbindung mit der Weinnote des Lambic ein. Das bekannteste unter diesen Früchtebieren ist das Kriek, das mit Kirschen mindestens ein bis zwei Monate, hin und wieder auch länger reift.

Gueuze: Eine Mischung aus jungen und gereiften Lambic-Bieren, die in der Flasche nachgärt.

A BIS Z
DER
MARKEN

OUVERTÜRE IN MOLL

Über die Auswahl der vorgestellten Biere

Ein Buch, das um die hundert Biere vorstellt, wo es allein in Deutschland über fünftausend gibt, hat zwangsläufig erhebliche Lücken. Mancher Leser wird auf den folgenden Seiten vergeblich nach seinem Lieblingsbier suchen. Dafür wird er einige Marken finden, von denen er nie gehört hat und die er vielleicht nie probieren kann, wenn es ihn nicht in das eng begrenzte Vertriebsgebiet eines solchen Regionalbieres verschlägt. Dieses Verfahren ist gewollt: Denn kleine Brauereien mit ihren nur wenig bekannten Marken sind für die Vielschichtigkeit des deutschen und europäischen Brauwesens ebenso repräsentativ wie die landesweit und sogar über nationale Grenzen hinaus bekannten Biere. Oft stellen kleine Brauereien Biere her, die nicht dem Geschmack der Masse und modischen Strömungen angepaßt und daher sehr interessant sind.

Ich habe versucht, eine möglichst repräsentative Auswahl zu treffen: Bundesweit bekannte Brauhäuser sollten ebenso vertreten sein wie die Hersteller der von Kundigen – nicht von den Brauern selbst – als »Premium« gepriesenen Biere, weitgehend unbekannte Erzeuger gängigster Sorten ebenso wie Spezialitätenbrauer. Das ist mir allerdings nicht ganz gelungen:

Verschiedene Brauereien haben auch auf wiederholte Anfrage nicht reagiert und weder die Muster zum Verkosten und Fotografieren noch die erbetenen Basisinformationen (Stammwürze- und CO_2-Gehalt, Mindesthaltbarkeit etc.) zur Verfügung gestellt. Einige Brauhäuser ließen ausrichten, sie seien an einer Vorstellung der vorgeschlagenen Marke nicht interessiert. Ein Kommentar dazu erübrigt sich.

Bei den Bieren aus dem nicht deutschsprachigen Ausland fehlen die ansonsten angegebenen Grunddaten zu Stammwürze-, Kohlensäuregehalt und Mindesthaltbarkeit, weil die Hersteller auf meine Anfrage nicht reagierten und ich diese Biere daher selbst besorgt habe.

Die Marken auf den folgenden Seiten wurden von mir nur beschrieben, nicht bewertet. Auge, Nase und Gaumen empfinden stets subjektiv. Es ist weder meine Aufgabe noch mein Wunsch, dem Urteil des einzelnen Lesers vorzugreifen. Es möge jeder die Biere seiner Wahl selbst »entdecken« und nach seinem Gusto bewerten. Das kann eine vergnügliche Sache sein und gibt dem Bierfreund mehr, als wenn er versucht, das Urteil eines anderen nachzuvollziehen.

ALPIRSBACHER

Alpirsbacher Klosterbräu Glauner GmbH & Co.
72275 Alpirsbach, Marktplatz 1

Familienunternehmen in der Tradition der Mönche, die im Mittelalter hier brauten. Die angesehene Brauerei ist stark in der Erhaltung der Umwelt engagiert und investiert schon seit Jahren dafür zehn Pfennige pro verkauftem Hektoliter.

Alpirsbacher Pils

Sorte: Pils
Art: untergärig
Gattung: Vollbier
Stammwürze: 11,7%
Alkohol: 4,8%
Kohlensäure: 5,2 g/l
Mindesthaltbarkeit:
26 Wochen

Hellgoldene Farbe; feinporiger, sehr fester Schaum; im Antrunk erfrischend leicht; schöne Hopfenblume, aber nicht aufdringlich bitter, das Malzaroma ist verhalten, was dem Pilscharakter zuträglich ist; im Nachtrunk ist ein ganz feiner, angenehmer Hefeton wahrzunehmen. Die Brauerei verwendet für ihr »Zugpferd« Wasser aus eigenen Quellen und nimmt zum Würzen Aromahopfen.

Weitere Sorten:
Kloster-Dunkel
Spezial
Kloster-Weisse hefetrüb
Kloster-Weisse dunkel
Kloster-Weisse kristallklar
Leichtbier

DISTELHÄUSER

Distelhäuser Brauerei Ernst Bauer GmbH & Co.
97941 Tauberbischofsheim, Grünsfelder Straße 3

Die Brauerei ist seit ihrem Gründungsjahr 1876 im Besitz der Familie Bauer. Sie braut etwa 250 000 Hektoliter jährlich und erhielt einen Preis für umweltbewußte Unternehmensführung sowie mehrere Auszeichnungen für ihre Biere.

Distelhäuser Premium Pils

Sorte: Pils
Art: untergärig
Gattung: Vollbier
Stammwürze: 11,7%
Alkohol: 4,9%
Kohlensäure: 5,6 g/l
Mindesthaltbarkeit:
26 Wochen

Mittelhelles Pils mit festem, anhaltendem Schaum; in der Nase ein ausgewogener Duft nach Hopfen und Malz; vollmundig, im Antrunk eher vom Malz betont als hopfig; gemäßigt herb.
Pilsener von guter Rezenz, das mit seinen Malztönen den süddeutschen Typus dieser Sorte repräsentiert; seine dezente Hopfennote begleitet es bis in den lang anhaltenden Nachtrunk hinein.

Weitere Sorten:
Winterbock
Märzen
Weizenbier (Kristall)
Export
Hefeweißbier hell
Hefeweißbier dunkel
Night-Life
Leichtbier
Alkoholfreies Bier

EICHBAUM

Eichbaum-Brauereien AG → Henninger
68167 Mannheim, Käfertalerstraße 170

Als Hausbrauerei 1679 gegründet, ist Eichbaum heute eine der größten Brauereien in Baden-Württemberg. Die Brauerei erhielt für die Einhaltung höchster Anforderungen das Zertifikat nach der europäischen Qualitätsnorm ISO 9001.

Eichbaum Schwarzbier

Sorte: Schwarzbier
Art: untergärig
Gattung: Vollbier
Stammwürze: 11,9%
Alkohol: 4,9%
Kohlensäure: 5,0 g/l
Mindesthaltbarkeit:
26 Wochen

Ein Schaum in der Farbe von Milchkaffee, feinporig und stabil; tiefdunkles Bier mit einem anhaltenden Duft nach Röstmalz; gut gehopft, was die Süße des Malzes ein wenig in den Hintergrund treten läßt; relativ trocken. Neben dem ausgeprägten Röstgeschmack enthält dieses Bier auch Aromen von Kaffee und Bitterschokolade; im Abgang hopfenherb.

Weitere Sorten:
Apostulator
Festbier
Export
Adler Ice-Beer
Kristall Weizen
Hefe Weizen
Dunkles Weizen
Ureich Pils
Pilsener Premium
Leichtbier
Alkoholfreies Bier

FÜRSTENBERG

Fürstlich Fürstenbergische Brauerei KG
78166 Donaueschingen, Postplatz 1–4

Diese Brauerei war der Wegbereiter für die in Deutschland heute meistgetrunkene Sorte: Schon 1895 wurde hier eines der ersten Biere nach Pilsener Art gebraut. Das Pils machte den Namen des Hauses über Deutschland hinaus bekannt.

Fürstenberg Premium Pilsener

Sorte: Pils
Art: untergärig
Gattung: Vollbier
Stammwürze: 11,3%
Alkohol: 4,8%
Kohlensäure: 5,3 g/l
Mindesthaltbarkeit: 26 Wochen

Sanft goldfarbenes Bier mit einem Duft, der schon ein Signal ist: Hopfen! – alles, nur kein »süddeutsches«, sondern ein kräftig gehopftes Pilsener Bier, das aber das Malz dennoch nicht ganz verleugnet.
Die bis in den angenehm herben Abgang anhaltende Hopfenblume ist in einen vollen, aber nicht »fülligen« Körper eingebettet, und das Mousseux hält durch bis zum edelbitteren Ende.

Weitere Sorten:
Hefeweizen hell
Hefeweizen dunkel
Kristallweizen
Export
Festbier
Fasnetbier
Leichtbier
Alkoholfreies Bier

GANTER

Brauerei Ganter GmbH & C. KG
79117 Freiburg i. Br., Schwarzwaldstraße 43

Die mittelständische Sortimentsbrauerei wird heute von der vierten Generation der Familie geführt. Das Malz bezieht sie aus der hauseigenen Mälzerei, die ausschließlich Getreide aus kontrolliertem und integriertem Anbau verarbeitet.

Ganter Spezial

Sorte: Export
Art: untergärig
Gattung: Vollbier
Stammwürze: 12,7%
Alkohol: 5,2%
Kohlensäure: 5,0 g/l
Mindesthaltbarkeit:
24 Wochen

Goldgelbes Bier mit etwas grobporigem Schaum; in der Nase macht sich zuerst das Malz breit, doch dann dringt auch der Hopfen durch; im Antrunk ist er auch sehr dezent zu spüren. Sehr gehaltvolles, dem Typ Export entsprechendes Bier mit einem guten Malzaroma und ganz feinen Fruchtnoten; kaum herb, gut ausgereift.

Weitere Sorten:
Dunkler Doppelbock
Maibock
Festbier
Weizen Kristallklar
Hefeweizen hell
Hefeweizen dunkel
Pilsner Premium herb
Leichtbier
Alkoholfreies Bier

GOLD OCHSEN

Brauerei Gold Ochsen GmbH
89073 Ulm, Veitsbrunnenweg 3–8

Die eine von den zwei großen Brauereien in der Stadt Ulm. Sie tischt den verbündeten Gastronomen immer wieder mal Neuheiten auf, wie das »Hefe-Schuß-System«, mit dem der Wirt aus Kristall- am Tresen Hefeweizenbier machen kann.

Gold Ochsen Pils

Sorte: Pils
Art: untergärig
Gattung: Vollbier
Stammwürze: 11,0%
Alkohol: 5,1%
Kohlensäure: 5,0 g/l
Mindesthaltbarkeit:
26 Wochen

Blütenweißer Schaum setzt sich nur langsam und wird nahezu sahnesteif; darunter ein leicht goldfarbenes Pils, das vielleicht etwas mehr Kohlensäure vertragen könnte, aber angenehm duftet.
Obwohl kräftig gehopft, ist »Ulms flüssiges Gold« nicht zu bitter geraten, das Malz hat für die richtige Balance gesorgt; »feinherb« schreibt die Brauerei auf das Etikett, und wenn dieser abgedroschene Begriff ein mäßig herbes und (doch) feines Pils meint, trifft er hier den Kern der Sache.

Weitere Sorten:
Original
Leichtbier
Alkoholfreies Bier

HIRSCH

Hirsch-Brauerei Honer GmbH & Co. KG
78573 Wurmlingen, Friedrichstraße 34

Ein Familienbetrieb, der als erstes Brauhaus in Deutschland alle Sorten ausschließlich mit Getreide aus integriertem und kontrolliertem Anbau braute. Dosen kommen der Familie von Weihenstephan-Absolventen nicht in die Tüte.

Honer Pils

Sorte: Pils
Art: untergärig
Gattung: Vollbier
Stammwürze: 11,7%
Alkohol: 4,7%
Kohlensäure: 5,5 g/l
Mindesthaltbarkeit:
26 Wochen

Typisch hellfarbenes Pils mit festem, feinporigem Schaum; aperitiver Duft und spritziger Antrunk; vergleichsweise mild gehopft und dennoch im Vergleich zu anderen Pilsener Bieren süddeutscher Herkunft von anregender Herbheit. Es ist von angenehmer Rezenz, und die schöne Hopfenblume ist auch im lang anhaltenden Finish noch gut zu spüren.

Weitere Sorten:
Bockbier
Weihnachtsbier
Märzen
Hefe-Weisse
Dunkel-Weisse
Kristall-Weisse
Gold
Zwickl-Pils
Leichtbier

HOEPFNER

Privatbrauerei Hoepfner GmbH & Co. KG
76131 Karlsruhe, Haid-und-Neu-Straße 18

Von Pfarrer (!) Hoepfner 1798 gegründete Brauerei, die seit Ende des letzten Jahrhunderts ihren Sitz in einem burgähnlichen Gebäude hat. Zum 200jährigen Bestehen wurde das zwischenzeitlich eingestellte Porter wieder gebraut.

Hoepfner Porter

Sorte: Porter
Art: untergärig
Gattung: Vollbier
Stammwürze: 16,0%
Alkohol: 5,6%
Kohlensäure: 5,2 g/l
Mindesthaltbarkeit:
20 Wochen

Feinporiger Schaum von hoher Beständigkeit und hellbrauner Farbe über einem im Licht mahagonifarben schimmernden Bier; ein kräftiger Duft nach stark geröstetem Getreide. Kräftig gehopft, aber die Bittere ist eingebettet in eine schöne Malzigkeit. Im Aroma finden sich Anklänge von Kaffee, Kakao und Bitterschokolade; anhaltender und trockener Abgang.

Weitere Sorten:
Pilsner
Kräusen
Export
Goldköpfle
Jubelbier
Edelweizen
Hefeweißbier
Kellerweißbier
Ur-Alt 1798
Leichtbier
Alkoholfreies Bier

LAMMBRÄU

Binger Lammbräu
72511 Bingen/Hohenzollern, Hauptstraße 12

Ganz kleine Brauerei, deren Verantwortliche ökologischen Anbau und ökologische Brauverfahren als untrennbare Einheit sehen. Alle Lieferanten und die Brauer selbst gehören dem Bioland-Verbund an; Kontrolle ist obligatorisch.

Vollmond-Bier

Sorte: Pils
Art: untergärig
Gattung: Vollbier
Stammwürze: 11,5%
Alkohol: 5,0 %
Kohlensäure: 5,0 g/l
Mindesthaltbarkeit:
28 Wochen

Dieses Bier heißt so, weil es nach den Regeln des Schweizer Lizenzgebers tatsächlich nur in Vollmondnächten gebraut werden darf. Der erste Sud darf nicht vor 21 Uhr, der letzte nicht nach 3 Uhr angesetzt werden. Die wenigen Lizenznehmer können aber die Sorte brauen, die in ihrer Region gefragt ist. Das Binger Vollmond-Bier ist zwar ein Pils, entspricht aber nie und nimmer den heutigen Vorstellungen von dieser Sorte: malzig, ganz vollmundig und kaum herber als ein Hell oder Export. Es ist naturtrüb in des Wortes wahrer Bedeutung.

Weitere Sorten:
Bioland Pilsner
Weizenbier

PALMBRÄU

Palmbräu Zorn Söhne KG
75031 Eppingen, Brettener Straße 12

Mittelständisches, modernes Familienunternehmen mit etwa 70 Mitarbeitern, das seinen Namen von den Palmen hat, die der Sohn des Gründers von seinen Lehr- und Wanderjahren mitbrachte und im elterlichen Biergarten pflanzte.

Schwarzer Zornickel

Sorte: Dunkler Doppelbock
Art: untergärig
Gattung: Starkbier
Stammwürze: 19,8%
Alkohol: 8,0%
Kohlensäure: 5,5 g/l
Mindesthaltbarkeit:
52 Wochen

Sicher eines der dunkelsten Bockbiere weltweit; gekrönt von einem dichten Schaum, der aussieht wie eine Wiener Melange; für ein Bier dieses Kalibers noch sehr »spritzig«. Im Antrunk zeigt sich Malzsüße, prima unterstützt von einer feinen Bitternote, die der Hallertauer Aromahopfen hinzufügt. Diese vollmundige Spezialität ist nur von Oktober bis Mai zu bekommen.

Weitere Sorten:
Zornickel Hell
Die Revolution
Ur-Märzen
Export Classic
Unser Bestes
Weizen Hefe Dunkel
Weizen Hefe Hell
Weizen Kristall
Kraichgauer Pilsner
Anno 1835 Kellerpils

ROTHAUS

Badische Staatsbrauerei Rothaus AG
79865 Grafenhausen-Rothaus

Die Aktien des renommierten Brauhauses sind zu 95 Prozent im Besitz der Landesbeteiligungen Baden-Württemberg, den Rest hält das Landes-Finanzministerium. Rothaus ist heute eine der bedeutendsten Regionalbrauereien Deutschlands.

Rothaus-Pils Tannenzäpfle

Sorte: Pils
Art: untergärig
Gattung: Vollbier
Stammwürze: 12,4%
Alkohol: 5,5%
Kohlensäure: 5,3 g/l
Mindesthaltbarkeit:
26 Wochen

Ungemein süffiges, weiches und vollmundiges Pils, das als perfekter Prototyp der süddeutschen Linie gelobt werden darf; zeichnet sich aus durch eine angenehm abgerundete Hopfenblume und Bitternote.
Gleich zu Beginn lockt es mit einem kräftig-satten Schaum und einem sauberen Duft. Es ist zwar kräftig, aber es schmeckt ausgesprochen »schlank« und ist von bester Rezenz. Zur unbestrittenen Güte dieses Pilseners trägt sicher auch die Tatsache bei, daß das Brauwasser nicht aufbereitet werden muß.

Weitere Sorten:
Märzen-Export
Hefe-Weizen
Pils

ANDECHS

Klosterbrauerei Andechs
82346 Andechs, Bergstraße 2

Mit brauenden Benediktinern fing es auf dem »Heiligen Berg« über dem Ammersee an, heute ist die Brauerei der wichtigste unter den Klosterbetrieben. Die Andechser Biere werden in ganz Deutschland, teilweise auch im Ausland angeboten.

Andechser Bergbock Hell

Sorte: Helles Bockbier
Art: untergärig
Gattung: Starkbier
Stammwürze: 16,5%
Alkohol: 6,9%
Kohlensäure: 5,5 g/l
Mindesthaltbarkeit:
26 Wochen

Allein dieses Bieres wegen lohnt sich der Aufstieg von Herrsching aus: vollmundig, süffig, harmonisch; dazu eine angenehm weiche Hopfenbittere, die sich nahtlos in die prächtige Aromenfülle einpaßt.
Im Gegensatz zu seinem dunklen Pendant ist dieser helle Bock keineswegs süß, sondern von würziger Herbe. Die Zutaten kommen allein aus Bayern, sei es der Aromahopfen aus der Hallertau, sei es das helle Malz aus Gerste, die im Freistaat wuchs.

Weitere Sorten:
Doppelbock dunkel
Spezial hell
Dunkel
Weißbier hefetrüb
Dunkles Weißbier
Hell

AYING

Brauerei Aying Franz Inselkammer KG
85653 Aying, Zornedinger Straße 1

Der »Bräu von Aying«, wie er sich gern nennt und nennen läßt, gibt regelmäßig eine eigene Zeitung heraus, in der er über Neues aus der Brauwelt im allgemeinen und aus seinem Haus im besonderen informiert. So kommentierte er einmal die Tatsache, daß »gewisse Brauereien« ein Siebtel ihres Umsatzes in die Werbung stecken, kurz und bündig so: »Da können (und wollen!) wir von der Brauerei Aying nicht mithalten. Das viele schöne Geld schmeißen wir nicht für Marketingschnickschnack und Imagebildungskampagnen raus, sondern investieren es lieber in Qualitätssicherung und Serviceoptimierung ...«

Dennoch – oder gerade deswegen? – steigen Ansehen und Bekanntheitsgrad der Brauerei im »Kurdorf für den Durst« stetig an. Wozu natürlich auch die Auszeichnungen beitragen, die den Ayinger Bieren quasi in Serie verliehen werden, sei es nun im Inland von der CMA und von der DLG oder in den USA vom Beverage Tasting Institute in Chicago, das den Celebrator mit Platin auszeichnete, gleich zum »World Champion Doppelbock« kürte und auf andere Spezialitäten dieses Hauses Gold regnen ließ. Kein Wunder, daß die bierverwöhnten Münchner zuhauf in das nahe gelegene Aying pilgern. Und das immer wieder und immer gern.

Ayinger Celebrator

Sorte: Dunkler Doppelbock
Art: untergärig
Gattung: Starkbier
Stammwürze: 18,5%
Alkohol: 6,7%
Kohlensäure: 5,6 g/l
Mindesthaltbarkeit:
52 Wochen

Sanfter Rotton in einem fast schwarzen Bier; Schaum wie aus dem Lehrbuch für Brauer; kräftiger Malzduft mit feinen Untertönen; der Antrunk ein Paukenschlag: Malz, Malz – dazu ein wenig Kaffeenoten und Spuren von Zitrusfrucht. Von der üppigen Stammwürze muß zwar einiges an Malzzucker übriggeblieben sein, aber das Bier hat keine Spur von Süße; kraftvolles Aroma, ein mundfüllender, komplexer Geschmack und eine milde Fülle; eine unbedeutende Hopfenbittere im Nachtrunk – aber die würde in größerer Dosis den harmonischen Gesamteindruck nur gestört haben.

Ayinger Jahrhundert-Bier

Sorte: Export
Art: untergärig
Gattung: Vollbier
Stammwürze: 12,8%
Alkohol: 5,5%
Kohlensäure: 5,6 g/l
Mindesthaltbarkeit:
26 Wochen

Helles, blankes Bier mit sehr kräftigem Schaum; eine feine Hopfenblume steigt anmutig in die Nase; höchst eleganter Antrunk, bestens balanciert zwischen Hopfen und Malz.
Famose Rezenz; frisch und vollmundig geht das Bier am Gaumen entlang, läßt dabei den Hopfen spüren und hinterläßt eine zurückhaltende, feine Bitternote.

Weitere Sorten:
Bräu Hell
Liebhard's Kellerbier
Pils
Altbayrisch Dunkel
Bräu-Weisse
Ur-Weisse
Frühlingsbier
Maibock
Weihnachtsbock
Kirta-Halbe
Fest-Märzen
Leichtbier

ERDINGER

Privatbrauerei Erdinger Weißbräu Werner Brombach GmbH
85435 Erding, Otto-Hahn-Straße 21

Der größte unter Deutschlands Weizenbierbrauern und als solcher Mitglied im Club der Hektolitermillionäre; dort ist er der einzige mit dieser Sorte. Die Brauerei stellt nichts anderes als Weizenbier her, auch mit wenig und ohne Alkohol.

Erdinger Weißbier mit feiner Hefe

Sorte: Weizenbier
Art: obergärig
Gattung: Vollbier
Stammwürze: 12,4%
Alkohol: 5,3%
Kohlensäure: 7,4 g/l
Mindesthaltbarkeit:
52 Wochen

Guter Schaum, der sich bis auf den Grund behauptet; die Hefe duftet mächtig aus dem Glas, wirkt aber trotzdem nicht aufdringlich; in diesem hellblonden Bier ist sie ganz, ganz fein verteilt – der Name deutet es ja bereits an.
Auch am Gaumen drängt sich der Gärungserreger vor und läßt kaum Platz für die schwache Süße und ein paar hintergründige Fruchtnoten; der Hopfen hält sich völlig im Hintergrund; appetitliches Bier, aber für manchen Gusto etwas zu wenig »gewürzt«.

Weitere Sorten:
Dunkle Weiße
Kristall Weiße
Weizenbock
Leichtbier
Alkoholfreies Bier

FRANZISKANER

Gabriel Sedlmayr Spaten-Franziskaner-Bräu KGaA
80335 München, Marsstraße 46–48

Der »Franziskanermönch«, der noch heute jede Flasche des Weißbieres aus der Spatenbrauerei ziert, wurde schon 1935 entworfen. Die Marke ist seit 1984 aus dem Spaten-Sortiment ausgegliedert und wird eigenständig vermarktet.

Franziskaner Hefe-Weissbier Dunkel

Sorte: Weizenbier
Art: obergärig
Gattung: Vollbier
Stammwürze: 11,8%
Alkohol: 5,0 %
Kohlensäure: 7,0 g/l
Mindesthaltbarkeit:
52 Wochen

Für ein Weizenbier, bayrisch: Weißbier, tapfer gehopft und folglich vergleichsweise herb; auch in puncto Kohlensäure ist diese Marke mindestens oberstes Mittelfeld: ungemein erfrischend, was sich wirklich nicht von allen dunklen Weizenbieren sagen läßt. Das Malz riecht und schmeckt vor, die Hefe spielt auf der Zunge eine Statistenrolle. Trotz dunkler Malze kaum Süße wahrnehmbar, dafür aber eine fruchtige Säure, die sich irgendwie nicht so ganz einfügen will. Die vornehme Bittere geht mit bis zum letzten Schluck und verweilt als Echo noch eine ganze Weile.

Weitere Sorten:
Hefe-Weissbier
Weissbier Kristallklar

HACKER-PSCHORR

Hacker-Pschorr-Bräu GmbH → Paulaner-Gruppe
81541 München, Hochstraße 75

Mutter Paulaner hat ihre Kapazitäten so erweitert, daß die Biere von Tochter Hacker-Pschorr ab jetzt auch unter ihrem Dach gebraut werden können. Eigenständigkeit ist dennoch garantiert: Es gibt dort zwei getrennte Sudstraßen.

Dunkle Weisse

Sorte: Weizenbier
Art: obergärig
Gattung: Vollbier
Stammwürze: 12,4%
Alkohol: 5,3%
Kohlensäure: 5,8 g/l
Mindesthaltbarkeit:
39 Wochen

Ein cremefarbener Schaum wie gemalt, so feinporig und fest; das Bier von rotgoldner Farbe, leicht getrübt von feinstverteilter Hefe, dezent nach Malz und auch ein wenig nach Frucht duftend.
Der erste Schluck füllt den Mund famos mit kräftigem Aroma; butterweich, fast »sämig« geht das Bier über die Zunge, prickelt dabei mittelkräftig und schmeckt ausgesprochen würzig; der Nachtrunk gibt noch einen Hauch von Bittere frei.

Weitere Sorten:
Münchner Dunkel
Münchner Edelhell
Kristall-Weisse
Oktoberfest-Märzen
Leichtbier
Alkoholfreies Bier

BRÄU-ROSL
Bräurosl
RIESENSCHAU
WIESEN-MÄRZEN
Pschorr Bräu
MÜNCHEN

HOFBRÄU

Staatliches Hofbräuhaus in München
81829 München, Hofbräuallee 1

Wer kennt nicht das heftigst besungene Hofbräuhaus, das bekanntlich in München und dort am Platzl steht? Doch die dazugehörige Brauerei sucht der Besucher hinter der Legion von Maßkrügen vergeblich: Die steht längst draußen in Riem, weil die unerhörte Nachfrage auch nach größerer Braukapazität verlangte. Daß mit dem Umzug im Jahre 1991 auch eine Straffung des Sortiments, die Konzentration auf vergleichsweise wenige Sorten einherging, hat dem Image der mehr als 400 Jahre alten Brauerei nur gutgetan.

Das Hofbräuhaus ist die Wiege der bayrischen Bockbiere. Die Sorte haben die Bajuwaren allerdings aus dem Norden »entliehen«. Ein Braumeister aus Einbeck sollte 1614 etwas frischen Wind in die Sudkessel des herzoglichen Brauhauses (heute gehört es dem Freistaat Bayern) bringen. Das schaffte er mit dem nach »ainpöckischer« Art gebrauten, kräftigen Sud. Adel wie Volk waren davon begeistert, aus dem »ainpöckisch« wurde im Laufe von Generationen schließlich der »Bock«.

Das Staatliche Hofbräuhaus ist mit etwa 250 000 Hektolitern Jahresausstoß die kleinste Brauerei unter den großen berühmten Braustätten in München.

Hofbräu Original HB München

Sorte: Hell
Art: untergärig
Gattung: Vollbier
Stammwürze: 12,1%
Alkohol: 5,1%
Kohlensäure: 5,7 g/l
Mindesthaltbarkeit:
39 Wochen

Weißer Schaum knistert leise vor sich hin und bildet eine fest geschlossene Decke auf dem hellgoldenen Bier; die Nase zieht Malz, Hopfen und Hefe ein und findet nach mehrmaligem Schnuppern auch blumige Düfte.
Antrunk verhalten, aber dann macht es sich, das helle Original:
vollmundig, doch nicht zu kräftig, stets von einem ganz feinen Hopfenaroma gut eskortiert; keineswegs bitter, aber auch nicht nur malzig, also: ausgeglichen.

Hofbräu Schwarze Weisse

Sorte: Weizenbier
Art: obergärig
Gattung: Vollbier
Stammwürze: 11,7
Alkohol: 5,1%
Kohlensäure: 7,3 g/l
Mindesthaltbarkeit:
52 Wochen

Nun ja – »schwarz« ist stark übertrieben, aber gut dunkel ist dieser Zwilling des erfolgreichen Münchner Kindl Weißbiers schon; malziger Duft mit fruchtigen Einschlägen, auch die Hefe ist mit dabei.
Eine gute Dosis Hopfen hat die Süße der Röstmalze etwas ausgeglichen. Das Bier durfte in der Flasche (nach-)gären, was seinem Aroma sicherlich zugute kam; ein behaglicher Hefeton rundet es zudem prima ab.

Weitere Sorten:
Dunkelgold
Weissbier
Mai-Bock
Oktoberfestbier

HOPF

Weißbierbrauerei Hopf GmbH & Co.
83714 Miesbach, Schützenstraße 8+10

Wenn Brauer sagen, der Hopf' sei ein Tropf, dann reden sie vom anspruchsvollen Hopfen, der Schlingpflanze, die launisch ist wie eine Diva. Aber vielleicht denkt mancher dabei insgeheim an den Kollegen Hopf in Miesbach, der mit allerlei Novitäten Wirbel macht und höchst erfolgreich aus der Reihe tanzt. Dieser Johann Hopf pinselt Kuh- und Geißbockköpfe auf das Etikett, nennt Biere »White«, »Red« und »Ice«, braut ein Weizen-Ale und empfiehlt sein Eisweißbier sogar zum Aus-der-Flasche-Trinken.

Mit derlei Sperenzchen hat er Erfolg. Das auf Weizenbier spezialisierte Brauhaus im oberbayerischen Kreisstädtchen Miesbach ist in den letzten Jahren weit über die Grenzen Bayerns hinaus bekannt geworden, die Hopf Weiße zählt inzwischen zu den führenden Marken ihrer Sorte im weiß-blauen Freistaat. Mit innovativen Sorten wird die jugendliche Zielgruppe an das Weizenbier herangeführt. Die Güte der Hopf-Weißbiere wird seit Jahren mit regelmäßigen Auszeichnungen der DLG gewürdigt, so etwa mit dem »Preis der Besten«. Es war Hopf, der als einer der ersten in seinem modernen Betrieb Weizenbier auch in Fässer abfüllte. Und es ist Hopf, der seiner Zeit immer um eine Flaschenlänge voraus ist – als »echte Alternative zu den großen Konzernanbietern«, wie er sagt.

Hopf Weiße Export

Sorte: Weizenbier
Art: obergärig
Gattung: Vollbier
Stammwürze: 12,0%
Alkohol: 5,3%
Kohlensäure: 7,5 g/l
Mindesthaltbarkeit:
52 Wochen

Als wäre der Name Verpflichtung, ist der Hopf-Klassiker stärker gehopft als die Majorität dieser Sorte; die Hopfengabe führt freilich nicht zu Herbe, schon gar nicht zu Bittere, statt dessen unterstreicht sie vorbildlich das typische Weizenaroma. Das Goldgelb wird von feinster Hefe ganz behutsam getrübt; sahniger Schaum läßt den fruchtigen Duft durch, der ein Merkmal ist für beste Übereinstimmung zwischen Weizen und der obergärigen Hefe; ein mittelschwerer, zur Leichte tendierender Körper wird von einem mächtigen Mousseux getragen: siebeneinhalb Gramm Kohlensäure je Liter prickeln prächtig.

White

Sorte: Eisweizenbier
Art: obergärig
Gattung: Vollbier
Stammwürze: 13,0%
Alkohol: 5,5%
Kohlensäure: 6,5 g/l
Mindesthaltbarkeit:
52 Wochen

Wer es sich, wie vom Brauer geraten, aus der Longneck-Flasche reinzieht, sieht weder die sonnengelbe Farbe noch den Schaum, dessen Weiß jeder Waschmittelwerbung Ehre machen könnte; er hat nichts von dem fruchtigen Parfum, das die obergärige Hefe schuf. Aber er hat immerhin fünfeinhalb Prozent Alkohol, was für ein Weizenbier ziemlich viel ist.
Das kommt vom Frieren beim Lagern; dabei bildet sich Eis und entzieht dem Bier einen Teil Wasser; der Rest wird konzentriert, das Aroma verdichtet sich: apart säuerlich, dezent würzig, harmonisch.

Weitere Sorten:
Dunkle Weiße
Weißer Bock
Kristall Weiße
Weizen-Ale
Eisweizenbock
Leichtbier

KALTENBERG

Schloßbrauerei Kaltenberg Irmingard Prinzessin v. Bayern
82256 Fürstenfeldbruck, Augsburger Straße 41

Seine Königliche Hoheit Prinz Luitpold von Bayern hätte ja beim Weißbier bleiben können. Auf das hatten seine Ahnen schließlich 200 Jahre lang das Monopol. Zwar nahm der rührige Prinz diese Tradition (nach langer Unterbrechung) wieder auf, doch er belebte auch das fast vergessene dunkle Bier wieder, das in Bayern bis ins 20. Jahrhundert führende Sorte war, und löste damit eine ständig steigende Nachfrage aus. Die führte dazu, daß heute eine ganze Reihe von Brauhäusern wieder dunkles Bier nach untergäriger Art herstellen. Die Schloßbrauerei Kaltenberg braut König Ludwig Dunkel und verschiedene Saisonbiere (wie das zu den alljährlichen »Ritterspielen«) auf Schloß Kaltenberg bei Geltendorf, etwa 40 Kilometer westlich von München. Dieses Schloß, in dem schon 1871 eine Brauerei eingerichtet wurde, erwarben die Wittelsbacher im Jahr 1955. Drei Weizenbiere, Pils, Spezial und Hell werden in der zu diesem Unternehmen gehörenden Braustätte in Fürstenfeldbruck hergestellt. Der Prinz, zu dessen Vorfahren auch der für das deutsche Reinheitsgebot von 1516 mit verantwortliche Herzog Wilhelm IV. gehört, wurde für seine verschiedenen Biere schon mehrfach ausgezeichnet.

Prinzregent Luitpold

Sorte: Weizenbier Dunkel
Art: obergärig
Gattung: Vollbier
Stammwürze: 12,6%
Alkohol: 5,5%
Kohlensäure: 6,8 g/l
Mindesthaltbarkeit:
39 Wochen

Sahnig-satter Schaum auf tief bernsteinfarbenem Bier, das in der Flasche nachgärt und von der Hefe leicht getrübt ist; sehr munteres Mousseux unter der dichten und stabilen Blume; feiner, sauberer Geruch nach Röstmalz. Höchst gelungenes, würziges Aroma mit hintergründiger Fruchtnote; voller, milder Geschmack, der im langen Nachtrunk noch eine zarte Kaffeenote und ganz verhaltene Bittere freigibt.

König Ludwig Dunkel

Sorte: Dunkel
Art: untergärig
Gattung: Vollbier
Stammwürze: 12,7%
Alkohol: 5,1%
Kohlensäure: 5,5g/l
Mindesthaltbarkeit:
39 Wochen

Der sehr helle Schaum bildet einen hübschen Kontrast zum Rotbraun des Bieres; es riecht merklich nach Hopfen, aber auch nach geröstetem Malz; der Antrunk ist schon eine Überraschung: eher herb als süß vom Malz, vollmundig, aber überhaupt nicht schwer.
Der Prinz pflegt noch das Hopfenstopfen, und der rohe Hopfen im Reifefaß prägt das Aroma entscheidend: süffig bis zum letzten Schluck.

Weitere Sorten:
Hell
Spezial
Pils
Weißbier Hell
Weißbier Dunkel
Weißbier Kristall
Erntedank-Festbier
Volksfestbier
Festtagsbier
Ritterbock
Leichtbier
Alkoholfreies Bier

KULMBACHER

Kulmbacher Brauerei Aktien-Gesellschaft
95326 Kulmbach, Lichtenfelser Straße 9

Es war einmal eine Stadt, in der es von Brauereien nur so wimmelte. Drei Brauherren taten sich 1846 zusammen, um künftig ihr »Kulmbacher« im Kommunbrauhaus zu sieden und über die bayerischen Grenzen hinaus zu verkaufen. In wenigen Jahren blühte das Geschäft, und die drei hatten genug Geld für ein eigenes Brauhaus.

Irgendwann in unserem Jahrhundert gab es in dieser Stadt dann vier Brauereien von Rang: EKU, die Erste Kulmbacher Actienbrauerei, dazu Reichelbräu, Mönchshof und Sandlerbräu. Die vier Betriebe sind heute, nach einigen Irrwegen und Aufregungen, unter einem Dach vereint, unter dem der Kulmbacher Brauerei AG. Dieses Dach wiederum steht unter einem größeren, und zwar dem der Schörghuber-Gruppe, wo nebst einigen anderen Brauereien auch die große Paulaner-Gruppe vertreten ist. So geschah es, daß das Quartett der fränkischen Parade-Brauereien seine Gewinne in Oberbayern abliefern muß.

Verkettungen hin, Verkettungen her – trotz Fusionen hat jede der vier Kulmbacher Brauereien noch ihre eigene Produktionsstätte, ihren eigenen Stil sowie ihre eigenen Sorten. Sie profitieren aber alle zweifellos vom klangvollen und bekannten Namen Kulmbach.

Edelherb Premium Pils

Sorte: Pils
Art: untergärig
Gattung: Vollbier
Stammwürze: 11,6%
Alkohol: 4,9%
Kohlensäure: 5,5 g/l
Mindesthaltbarkeit:
26 Wochen

Man soll das Bier nicht vor dem Schaume loben? Dann muß dieses Pils lange auf ein Lob warten: Sein Schaum steigt prachtvoll und steht wie eine Eins. Und steht und steht ... Wirklich herzhafte Duftallianz zwischen Malz und reichlich gegebenem Hopfen, Aromahopfen, wie zu vermuten ist.
Auf der Zunge verhaltene, tatsächlich edle Herbe und hohe Aromafülle, ein voller Körper, der aber nicht breit daherkommt, sehr gelungene Rezenz, wie die Zunge sofort meldet; Nachtrunk nicht zu beanstanden, ganz im Gegenteil sogar. Und: Hans Rausch hieß der Braumeister, der im Jahr 1932 den ersten Sud Edelherb ansetzte.

EKU 28

Sorte: Doppelbock
Art: untergärig
Gattung: Starkbier
Stammwürze: 28,0%
Alkohol: 11,0%
Kohlensäure: 5,7 g/l
Mindesthaltbarkeit:
78 Wochen

Sieht etwa aus wie ein in der Farbe viel zu kräftig geratener Rosé-Champagner; perlt zu Anfang auch wie jener, ehe sich die Bläschen zum gelblichen Schaum sammeln; die Nase meint Schalen von Orangen vor sich zu haben.
Malzig schmeckt der erste Schluck, der vehement den Mund mit fruchtiger Süße füllt, aber nicht verklebt; es wurde mäßig gehopft, der dennoch herbe Abgang ist Folge der fruchtigen Ester, nicht des bittermachenden Hopfens. Selber schuld, wer diesen Bock kalt trinkt.

Weitere Sorten:
Märzen
Kapuziner Weizen
Kapuziner Schwarze
Kapuziner Weisse
Eisbock

LEDERER

Lederer Bräu GmbH → Tucher Bräu KG
90429 Nürnberg, Sielstraße 12

Die Einführung von Lederer Premium Pils im Jahr 1985 war der Startschuß zu einer völlig neuen Ära in der Geschichte der 1468 gegründeten Brauerei: Das Krokodil als Markenzeichen soll vor allem die jüngeren Biertrinker ansprechen.

Lederer Premium Pils

Sorte: Pils
Art: untergärig
Gattung: Vollbier
Stammwürze: 11,8%
Alkohol: 5,1%
Kohlensäure: 5,2 g/l
Mindesthaltbarkeit:
39 Wochen

Das kräftig hellgelbe Pilsner prickelt heftig im Glas, der Schaum wirft entschieden zu große Blasen; der Hopfen duldet keine anderen Düfte neben sich: null Chance für Malz und auch kein bißchen für Hefe. Zu bitter ist es aber nicht auf der Zunge, genauer: in deren hinterstem Winkel, wo derlei Geschmack zu erkennen sein müßte. Neuer Versuch: gelungene Rezenz, ausgeprägte Hopfennote; leichter Körper, dem eine kräftigere Malzschüttung wahrscheinlich guttäte; wohl nicht das Pils für angegraute Herren, sondern mehr für die junge Zielgruppe.

Weitere Sorten:
keine

LÖWENBRÄU

Löwenbräu AG → Spaten-Franziskaner-Bräu
80335 München, Nymphenburger Straße 4

Seit Oktober 1997 sind die einstigen Konkurrenten Spaten-Franziskaner und Löwenbräu ganz innig verbandelt. Der im Bierausstoß kleinere Spaten schaufelte sich den um 400 000 Hektoliter größeren Löwen rein. Einigkeit macht stärker.

Löwenbräu Original

Sorte: Hell
Art: untergärig
Gattung: Vollbier
Stammwürze: 11,8%
Alkohol: 5,2%
Kohlensäure: 5,5 g/l
Mindesthaltbarkeit:
52 Wochen

Schaum gelungen, standfest, feinporig und schneeweiß; Farbe typgerecht strohblond; der Antrunk schwemmt eine Ladung Malzsüße an den Geschmackspapillen entlang, die von kein bißchen Bittere gebremst wird. Vollmundig ist es, kräftig im Körper auch; aber diese Süße läßt einfach keine anderen Aromen aufkommen. Ob nicht mehr Hopfen hülfe?

Weitere Sorten:
Hefe Weissbier
Schwarze Weisse
Klares Weizenbier
Premium Pilsener
Diät Pils
Heller Bock
Mai-Bock
Triumphator
Oktoberfestbier
Alkoholfreies Bier

MAISEL

Brauerei Gebr. Maisel GmbH & Co.
95445 Bayreuth, Hindenburgstraße 9

Familienbetrieb, der im Gegensatz zu den meisten anderen Weizenbierbrauern konsequent an der aufwendigen, teuren Flaschengärung festhält. Das zahlt sich aus: Vorderste Plätze bei Weißbier-Verkostungen gibt es fast im Abonnement.

Maisel's Weisse

Sorte: Weizenbier
Art: obergärig
Gattung: Vollbier
Stammwürze: 12,8%
Alkohol: 5,7%
Kohlensäure: 6,4 g/l
Mindesthaltbarkeit:
37 Wochen

Bernstein, Kupfer oder doch Bronze? ... wen juckt schon die exakte Definition der Farbe, wenn drüber cremiger Schaum steht und drinnen die feinste Hefe lebt? Frischer Duft sticht unter dem Schaum hervor und ist für den Gaumen ein Rätsel: Was birgt dieses komplexe Aroma noch alles in sich? Es wimmelt von Früchten und Hefe, es braust vollmundig über die Zunge und winkt dabei mit einem Hauch von Säure. Das rechte Maß Herbe ist dann die schöne Vollendung.

Weitere Sorten:
Weisse mit feiner Hefe
Weisse Dunkel
Weisse Kristallklar
Diät-Pilsener
Leichtbier
Alkoholfreies Bier

OETTINGEN

Brauhaus Oettingen GmbH
86723 Oettingen, Brauhausstraße 8

Es wird gar kein Geheimnis daraus gemacht, daß Oettingen sich auf Ladenketten und Supermärkte konzentriert hat. Das Sortiment ist entsprechend breit, die Produktion groß: Nach Firmenangaben liegt sie bei 2,3 Millionen Hektolitern.

Original Oettinger Urtyp

Sorte: Märzen
Art: untergärig
Gattung: Vollbier
Stammwürze: 12,8%
Alkohol: 5,5%
Kohlensäure: 5,4 g/l
Mindesthaltbarkeit: 26 Wochen

Mächtig malzig, das Märzen, bereits in der Nase; appetitliche Farbe und sehr passable Schaumentwicklung wie auch -stabilität; Antrunk vollmundig, aber der Hopfen kommt mit reichlich Verspätung. Malzaroma, wie es sich für ein Märzen gehört; kräftiger Korper, der ganz flott über die Zunge geht – süffig also und noch nach dem letzten Schluck lange mit dem Malzschwänzchen wedelnd.

Weitere Sorten:
Kristall-Weizen
Hefeweißbier hell
Dunkles Hefeweizen
Hell
Pils
Export
Alt
Schwarzbier
Leichtbier
Alkoholfreies Bier

PAULANER

Paulaner Brauerei AG
81541 München, Hochstraße 75

Im Jahr 1634 begannen Mönche des Paulaner-Ordens mit dem Bierbrauen. Nach der Säkularisation im Jahre 1803 griff der Brauer Franz-Xaver Zacherl zu und machte die Brauerei der Paulaner binnen kurzem zu einer der modernsten jener Zeit. Schon 1837 wurde Paulaner-Bier nach Athen und Übersee exportiert. 1937 fusionierte die Paulaner-Salvator-Brauerei mit dem Haus Thomasbräu, das in München das erste Hell-Bier auf den Markt gebracht hatte.

Heute ist die Paulaner Brauerei AG, die ihrerseits wieder eine hundertprozentige Tochter der Schörghuber-Gruppe ist, die größte Brauerei Bayerns und eine der größten Deutschlands. Zu ihr gehören Hacker-Pschorr in München, Auerbräu in Rosenheim und Thurn und Taxis in Regensburg – zusammen ist dieser Teil des Schörghuber-Bier-Imperiums (der andere ist Kulmbach, ebenfalls mit Töchtern) für rund drei Millionen Hektoliter Getränke gut; davon dürften ca. 90 Prozent auf die verschiedenen Biere entfallen.

In der Münchner Paulaner-Brauerei werde nur Malz benutzt aus Gerste, die in Bayern wächst, ist aus der Zentrale zu hören. Das Brauwasser kommt aus dem eigenen, 240 Meter tiefen Brunnen. Je nach Jahreszeit sind es bis zu 15 Sorten, die damit gebraut werden.

Paulaner Hefe-Weißbier

Sorte: Weizenbier
Art: obergärig
Gattung: Vollbier
Stammwürze: 12,5%
Alkohol: 5,5%
Kohlensäure: 5,8 g/l
Mindesthaltbarkeit:
39 Wochen

Die Farbe wie ein guter, weil selbstgekelterter Apfelsaft; darinnen winzigste Perlen, unermüdlich nach oben steigend und dort einen Schaum nährend, der wie eine Decke aus Daunen darüberliegt; ein wenig wie Hefe mit frischen Äpfeln riecht es aus dem Glas. Erfrischend und mit voll geblähten Geschmackssegeln kommt das Bier daher; Hefe ist dabei, hält sich aber brav im Hintergrund; vorne dafür gute Malzigkeit, gepaart mit passender Säure; ob der Abgang nicht doch etwas abrupt ist, darf diskutiert werden.

Paulaner Roggen

Sorte: Roggenbier
Art: obergärig
Gattung: Vollbier
Stammwürze: 12,5%
Alkohol: 5,3%
Kohlensäure: 6,7 g/l
Mindesthaltbarkeit:
39 Wochen

Braunrotes Bier mit einem kräftigen, äußerst stabilen Schaum; sehr würziger und fruchtbetonter Duft. Spritziger Antrunk, in dem der Roggen schon mächtig durchklingt; er sorgt für einen fruchtig-würzigen Geschmack und macht den Körper des Bieres rund; die Bittere, die der Roggen zusätzlich zur mäßigen Hopfengabe einbringt, ist das I-Tüpfelchen; angenehm herb im Abgang ist dieses einzige national vertriebene Roggenbier Deutschlands.

Weitere Sorten:
Weißbier Dunkel
Weißbier Kristall
Pils
Export Hell
Export Dunkel
Diät-Pils
Hell
Märzen

RIEGELE

Brauerei S. Riegele, Inh. Riegele KG
86150 Augsburg, Fröhlichstraße 26

Mit nahezu 200 000 Hektolitern Ausstoß ist Riegele die größte Privatbrauerei in Augsburg. Das Brauwasser kommt aus dem 80 Meter tiefen eigenen Brunnen, Malz aus heimischen Provenienzen. Pasteurisiert wird bei Riegele nicht.

Commerzienrat Riegele Privat

Sorte: nicht einzuordnen
Art: untergärig
Gattung: Vollbier
Stammwürze: 12,8%
Alkohol: 5,3%
Kohlensäure: 5,5 g/l
Mindesthaltbarkeit:
24 Wochen

Dieses Bier wird mit Malz gebraut, das vor dem Maischen von seinen Spelzen getrennt wurde; also fehlen ihm schon einmal die Stoffe, die in diesen Kornhüllen enthalten sind.
Bernsteinfarbe und feiner Malzduft; anschmiegsam und weich, mild würzig; Rezenz in Ordnung, Hopfengabe gut erkennbar; ein aromatischer Nachtrunk, der andauert.

Weitere Sorten:
Urhell
Export
Pils
Speziator Doppelbock
Dunkel
Kräusen-Weisse
Alte Weisse
Leichtbier
Alkoholfreies Bier

SCHLENKERLA

Schlenkerla Heller-Bräu Trum KG
96049 Bamberg, Dominikanerstraße 6

Unter den zehn Brauereien Bambergs ist diese sicherlich die berühmteste. Der Brauereiausschank, das »Schlenkerla«, ist nur ein paar Schritte weiter. Ob das Brauhaus den Ausschank oder der Ausschank das Brauhaus so bekannt machte?

Aecht Schlenkerla Rauchbier

Sorte: Märzen/Rauchbier
Art: untergärig
Gattung: Vollbier
Stammwürze: 13,5%
Alkohol: 4,8%
Kohlensäure: 4,8 g/l
Mindesthaltbarkeit:
18 Wochen

Wer einen Riecher hat zu riechen, der rieche: Nein, es ist nicht Räucherschinken, es ist Räucher ohne Schinken. Und dieses Aroma rührt daher, daß das Malz über dem Rauch von Buchenholz gedarrt wird statt, wie sonst üblich, nur über Heißluft.
Es ist anständig gehopft, es ist gut malzig, aber es ruht recht phlegmatisch im Glas, zugedeckt mit nougatfarbenem Schaum, dessen Blasen, ach was: Bläschen nach der Lupe schreien. Der Gaumen schreit nach mehr, weil der betäubende Rauch kaum ein anderes Aroma durchläßt. Es wird weitergesucht ...

Weitere Sorten:
Lager Hell
Leichtbier

SCHNEIDER

Priv. Weissbierbrauerei G. Schneider & Sohn GmbH & Co. KG
93309 Kelheim, Emil-Ott-Straße 1–5

Die erstgeborenen Männer dieser Brauerfamilie heißen immer Georg. Derzeit leiten Vater Dr. Georg V. und Sohn Georg VI. die älteste Weißbierbrauerei der Welt in privatem, »bürgerlichem« Besitz. Urahn Georg Schneider I., ein Königlicher Braumeister, griff zu, als das bayerische Herrscherhaus im letzten Jahrhundert mangels befriedigender Nachfrage sein Weißbiermonopol aufgab. Er kaufte zusammen mit seinem Sohn Georg das Weiße Bräuhaus im Tal, unweit des Münchner Marienplatzes und braute nichts anderes als diese Sorte, die in Bayern zur besseren Unterscheidung vom üblichen dunklen (»schwarzen«) Bier »Weiße« genannt wurde.

Georg des Ersten Rechnung ging auf, das Weizenbier kam wieder in Mode. Die Familie kaufte weitere »Weiße Brauhäuser« und 1928 schließlich auch das in Kelheim. Dorthin übersiedelte die Familie Schneider, als nach dem Zweiten Weltkrieg die Münchner Produktionsstätte völlig zerstört war. Außerdem ließen sich von dort aus der Norden und Osten Bayerns besser erschließen als von München. Auch diese Rechnung ist aufgegangen. Heute ist Schneider einer der größten Hersteller von Weizenbieren und ein sehr angesehener obendrein.

Schneider Weisse Original

Sorte: Weizenbier
Art: obergärig
Gattung: Vollbier
Stammwürze: 12,8%
Alkohol: 5,4%
Kohlensäure: 7,0 g/l
Mindesthaltbarkeit:
43 Wochen

Goldbraun steht es im Glas, geziert von festem Schaum; es entsteigt ihm ein mundwässernder Duft nach Malz und Hefe, dezent parfümiert mit fruchtigen Tupfern – eine wirklich frische Brise für die Nase.
Mittelschwerer Körper, von Kohlensäure (Flaschengärung) flottgemacht; sauberer, vollmundiger und harmonischer Trunk; kaum Süße, aber eine unaufdringliche Bitternote; fruchtiges Aroma mit einem Hauch von Gewürznelken; angenehm herber Nachtrunk, der dem Gaumen noch eine ganze Weile schmeichelt.

Aventinus Weizenstarkbier

Sorte: Weizen-Doppelbock
Art: obergärig
Gattung: Starkbier
Stammwürze: 18,5%
Alkohol: 8,0%
Kohlensäure: 7,0 g/l
Mindesthaltbarkeit:
52 Wochen

Der Schaum markiert nach jedem Schluck den letzten Pegelstand am Glasrand und hält das durch bis zur Neige; helle und dunkle Malze (es muß auch Karamelmalz mit im Spiel sein) bringen die Farbe von dunklem Rotgold zustande; es meint die Nase, in einer Sherry-Bodega zu weilen, wo Oloroso reift und gleichzeitig Zitrusfrüchte und Gewürze lagern.
Der erste Schluck läßt die Geschmacksknospen erigieren: voller Körper, kräftige und doch weiche Würze, gut unterlegt mit feinster Bittere und hübsch abgerundet mit Anklängen von Gewürzen, Frucht und Schokolade.

Weitere Sorten:
Weisse Kristall
Weisse Weizenhell
Leichtbier

SPATEN

Gabriel Sedlmayr Spaten-Franziskaner-Bräu KGaA
80335 München, Marsstraße 46+48

Im Oktober 1997 kam Spaten als »Löwenschlucker« in die Titelzeilen der Zeitungen. Weniger bekannt ist, daß die Großbrauerei via Dinkelacker-Beteiligung auch die indirekte Mehrheit an der Dinkelacker-Schwabenbräu AG in Stuttgart hält.

Spaten Münchner Hell

Sorte: Hell
Art: untergärig
Gattung: Vollbier
Stammwürze: 11,7%
Alkohol: 5,2%
Kohlensäure: 5,5 g/l
Mindesthaltbarkeit:
52 Wochen

Von der Seite und im Licht betrachtet, sind es justament die Farben des Vatikans im Glas: weiß der Schaum und schön gelb das Bier; beim ersten Schnuppern weht viel Malz um die Nüstern, hinter dem sich – jetzt das zweite Schnuppern – fruchtige, nicht näher identifizierbare Düfte versteckt halten. Gelungene Rezenz, mollige Süße, knauserige Hopfung, die freilich typisch ist für die Sorte Hell generell; durchaus voller Körper, der noch lange nachklingt.

Weitere Sorten:
Premium Bock
Oktoberfestbier
Optimator
Diät-Pils
Pils
Leichtbier

TUCHER

Tucher Bräu KG Brauereibetriebsgesellschaft
90409 Nürnberg, Schillerstraße 14

Seit der Übernahme durch Dr. Hans Inselkammer im Jahre 1995 ist die Tucher Bräu wieder eine Privatbrauerei. Zu der Gesellschaft gehören neben Tucher auch Patrizier in Fürth, Lederer in Nürnberg und Zirndorfer (beide über Patrizier).

Tucher Helles Hefe Weizen

Sorte: Weizenbier
Art: obergärig
Gattung: Vollbier
Stammwürze: 12,3%
Alkohol: 5,3%
Kohlensäure: 6,8 g/l
Mindesthaltbarkeit:
52 Wochen

Goldfarbenes Pils mit einem Schaum obenauf, als wäre es ein Schlag Sahne – ein Bild von einem Hefe-Weißbier; höchst lieblicher Duft nach Weizen, ein wenig Hefe und Äpfeln; herrlicher Antrunk.
Ganz flott geht es über die Zunge, aber nicht ohne dort mit Malzaroma, Hefeton und einem Portiönchen anregender Säure mächtig Eindruck zu machen. Die Herbe, die sich bisher brav zurückhielt, zeigt sich erst im Nachtrunk. Und da wirkt sie wunderbar.

Weitere Sorten:
Pilsener
Urbräu Hell
Übersee Export
Alkoholfreies Bier

WEIHENSTEPHAN

Bayerische Staatsbrauerei Weihenstephan
85345 Freising, Weihenstephan

Die Brauerei, die sich älteste der Welt nennen kann, ist eng mit der in Weihenstephan ansässigen Fakultät für Brauwesen verbunden, aber doch eigenständiges Erwerbsunternehmen Bayerns. Hier fing das Brauen an, hier fangen die Brauer an.

Weihenstephaner Hefeweissbier

Sorte: Weizenbier
Art: obergärig
Gattung: Vollbier
Stammwürze: 12,7%
Alkohol: 5,4%
Kohlensäure: 7,5 g/l
Mindesthaltbarkeit:
52 Wochen

Staubfeine Hefe verschleiert glänzendes Gold; porentief reiner, stabiler Schaum hält das Aroma im Glas zurück – gut so, denn es wäre schade, wenn sich die üppig blühende Hefeblume vorschnell von dannen machen würde.
Angenehm spritzig, wie es sich für ein Weizenbier auch gehört; vollmundig und von fruchtigem Aroma, in dem der Weizen die erste Geige spielt; Herbe und Säure halten sich bedeckt bis zum Ende.

Weitere Sorten:
Hefeweissbier Dunkel
Kristall Weissbier
Original Bayrisch Mild
Edel-Pils Feinherb
Export Dunkel
Starkbier Dunkel
Leichtbier
Alkoholfreies Bier

BERLINER KINDL

Berliner Kindl Brauerei AG
12053 Berlin, Werbellinstraße 50

Die Brauerei wurde im Jahr 1872 von sechs Gastwirten und zwei anderen Teilhabern als »Vereinsbrauerei Berliner Gastwirthe zu Berlin Actiengesellschaft« gegründet. Sie konnte seit der Wiedervereinigung ihren Bierausstoß verdoppeln.

Jubiläums Pilsener

Sorte: Pils
Art: untergärig
Gattung: Vollbier
Stammwürze: 11,9%
Alkohol: 5,0%
Kohlensäure: 5,4 g/l
Mindesthaltbarkeit:
39 Wochen

Beim Antrunk durchsticht die Nase unweigerlich eine dichte Schaumdecke. Der erste Schluck geht hopfenherb auf der Zunge entlang und läßt dennoch einige feine Malztöne spüren; vollmundig; gut abgestimmte Bittere; leichter Körper, eleganter Duft.
Der Schaum markiert jeden entnommenen Schluck als Ring am Glasrand; das helle Pils ist perfekt rezent und hat einen hopfenblumigen, schön anhaltenden Abgang.

Weitere Sorten:
Pils
Weisse
Bock hell
Bock dunkel
Schwarzbier
Helles Starkbier
Maibock

SCHULTHEISS

Schultheiss Brauerei GmbH
13053 Berlin, Indira-Gandhi-Straße 66–69

Das namengebende Unternehmen eines Verbundes, zu dem neben der Schultheiss- noch die Brauereien Berliner Pilsner, Oderland sowie drei weitere Gesellschaften gehören. Der Schultheiss-Verbund ist im Besitz des Multis Brau & Brunnen.

Schultheiss Original Berliner Weisse

Sorte: Berliner Weisse
Art: obergärig
Gattung: Schankbier
Stammwürze: 7,5%
Alkohol: 3,7%
Kohlensäure: 6,5 g/l
Mindesthaltbarkeit:
156 Wochen

Ungebärdig schäumt sie im Glas herum, Legionen feiner Bläschen attackieren die zum Schnüffeln bereite Nase: ein blumiger Duft, angereichert mit einer hübsche Hefenote.
Es bitzelt auf der Zunge, daß es eine wahre Lust ist; herb und trocken, getrieben von höchster Spritzigkeit geht jeder Schluck am Gaumen lang, säuerlich schmeckend, wie es sich für diesen Typ gehört, und fruchtige Spuren hinterlassend. Warum wird die Weisse eigentlich immer mit Sirup getrunken?

Weitere Sorten:
Pilsener
Urbock
Diätbier
Lager
Lager Schwarz
Alkoholfreies Bier

Schultheiss

PREUSSEN

Privatbrauerei Preussen Pils
16928 Pritzwalk/Prignitz, Meyenburger Tor 3–5

Mit der Eröffnung eines Biergartens wurde 1997 der Neubau dieser Brauerei vollendet; kurz zuvor hatte sie noch die Marke Bärenquell übernommen. Mit ihrem Museum ist diese kleine Privatbrauerei auch ein Anziehungspunkt für Touristen.

Preussen Schwarzbier

Sorte: Schwarzbier
Art: untergärig
Gattung: Vollbier
Stammwürze: 12,5%
Alkohol: 5,4%
Kohlensäure: 5,0 g/l
Mindesthaltbarkeit:
36 Wochen

Von der Brauerei wird dieses Bier der Sorte Pils zugerechnet, wohl der untergärigen Brauweise wegen; aber für ein Pils ist es entschieden zu schwach gehopft; dafür hat es ein schönes Malzaroma mit lieblichen Rösttönen und ist gelungen rezent.
Lichtbrauner Schaum, nicht gerade schwarzes, aber doch satt dunkles Bier; vollmundig, vom Malz geprägt und sehr süffig; auch im Nachtrunk macht sich der Hopfen nur schwach bemerkbar.

Weitere Sorten:
Pils
Marke Bärenquell
Pils
Dunkler Bock
Eisbier

BECK

Brauerei Beck GmbH & Co.
28199 Bremen, Am Deich 18/19

Mit etwa fünf Millionen Hektolitern Ausstoß gehört Beck zu den größten Brauhäusern Deutschlands; keine andere deutsche Brauerei exportiert so viel wie diese. Zur Beck-Gruppe gehören zwei weitere Brauereien und andere Firmen.

Beck's

Sorte: Pils
Art: untergärig
Gattung: Vollbier
Stammwürze: 11,2%
Alkohol: 4,5%
Kohlensäure: 5,0 g/l
Mindesthaltbarkeit:
26 Wochen

Wäre da nicht eine hübsche Blume drauf, könnte man es, der Farbe wegen, für einen Amontillado-Sherry halten; aber es riecht fein hopfig, wie es sich für Pils gehört. Schön frisch kommt dieses Bier rüber, ein zart bitteres Aroma, ein fruchtiger, kräftiger Geschmack und eine hübsche Hopfennote schmeicheln dem Gaumen; feines Prickeln hält an bis zum trockenen Finish.

Weitere Sorten:
Alkoholfreies Bier
Marke Haake-Beck
Pils
Dunkel
Edel-Hell
Export
Maibock
Kräusen
Alkoholfreies Bier

HOLSTEN

Holsten-Brauerei AG
22765 Hamburg, Holstenstraße 224

Die Brauerei heißt Holsten, weil sie im ursprünglich zu Holstein (»Holsten«) gehörenden Stadtteil Altona stand. Nach der Brau & Brunnen AG, Dortmund, und Binding in Frankfurt ist dies die größte deutsche Brauereigruppe. Mit ihren Töchtern Mecklenburgische Brauerei Lübz, Lüneburger Kronenbrauerei sowie Feldschlößchen in Braunschweig und in Dresden bringt sie es auf mehr als sieben Millionen Hektoliter Bier pro Jahr. Neben diesen Brauereien gehören auch verschiedene Getränkefirmen und Beteiligungsgesellschaften zur Holsten-Gruppe, außerdem die Holsten-Import Corp. Ltd. in Farrytown/New York.

Seit 1991 ist Holsten Partner der mittlerweile weltweit gut vertretenen australischen Foster's-Gruppe. In deren Auftrag läßt die Holsten-Brauerei als Lizenznehmer deren Pilsener nach Originalrezept und nach dem deutschen Reinheitsgebot von ihrer Braunschweiger Tochter Feldschlößchen brauen. Die Wahl fiel auf diese Braustätte, weil das dortige Brauwasser einen nahezu identischen Gehalt an wichtigen Spurenelementen und Mineralien aufweist wie das der australischen Brauerei. Die Zutaten Hefe und Hopfen kommen laut Holsten aber aus Australien.

Holsten Pilsener

Sorte: Pils
Art: untergärig
Gattung: Vollbier
Stammwürze: 11,2%
Alkohol: 4,8%
Kohlensäure: 5,2 g/l
Mindesthaltbarkeit:
24 Wochen

Tadellos die helle Farbe und der feine Schaum, der schön fest und standhaft ist; starker Hopfenton in der Nase.
Kräftig im Geschmack und reichlich mit Hopfen gewürzt (Hallertauer Aromahopfen, sagt die Brauerei), der einen nicht unangenehmen Bitterton hinterläßt; mittelschwer im Körper, zufriedenstellend rezent, aber leider etwas zu vorschnell im Abgang.

Holsten Premium Bier

Sorte: Lager
Art: untergärig
Gattung: Vollbier
Stammwürze: 11,6%
Alkohol: 5,2%
Kohlensäure: 5,2 g/l
Mindesthaltbarkeit:
52 Wochen

Malz-Hopfen-Allianz drängelt aus dem hellen Bier durch etwas grobporigen Schaum in die Nase; gut entwickelte Kohlensäure steigt als kleine Bläschen ausdauernd auf.
Dezenter Malzgeschmack, ganz gut unterlegt mit feiner Bittere; vollmundig, aber nicht zu breit; nicht gerade spritzig, aber angenehm zu trinken – Kunden in über 80 Ländern der Welt können sich ja nicht irren.

Weitere Sorten:
Holsten Pilsener Premium
Edel Pils
Export
Alkoholfreies Bier

BINDING

Binding-Brauerei AG
60598 Frankfurt/Main, Darmstädter Landstraße 185

Namensgeber Conrad Binding hätte sich wohl nie träumen lassen, daß aus seiner kleinen, 1870 gegründeten Hausbrauerei nicht nur das größte Brauhaus Frankfurts werden sollte, sondern auch eine Gruppe, die auf dem deutschen und europäischen Markt eine Spitzenstellung einnimmt. Unter dem Dach von Mutter Binding-Brauerei AG operieren derzeit 25 Töchter, darunter Brauereien wie Dortmunder Actien-Brauerei, Erbacher Brauhaus und die Berliner Kindl Brauerei, Radeberger und Krostitzer. Auch die Selters Mineralquelle ist Binding-Besitz. Die Gruppe setzte 1997 gut elf Millionen Hektoliter Bier ab.

Sie ist aber nicht nur in Deutschland aktiv. Zu den erfolgreichsten und bedeutendsten Marken der Binding-Gruppe zählen die der Königlichen Brauerei Krusovice S.A. vor den Toren Prags. Jüngstes Mitglied der Familie ist die Brauerei Browar Dojlidy im polnischen Byalistok mit einem aktuellen Ausstoß von 300 000 Hektolitern. Fast 3400 Mitarbeiter sind in den Firmen der Binding-Gruppe beschäftigt. Neben der in Frankfurt unterhält das Mutterhaus auch noch Braustätten in Kassel und Karlsruhe.

Binding Lager

Sorte: Lager
Art: untergärig
Gattung: Schankbier
Stammwürze: 10,5%
Alkohol: 4,5%
Kohlensäure: 5,3 g/l
Mindesthaltbarkeit:
39 Wochen

Helles, schön schäumendes und frisches Bier, dessen Blume sich wacker hält; im Duft macht sich ein klein wenig Frucht bemerkbar. Wohlig prickelt's auf der Zunge, schön trocken rollt's am Gaumen lang; schlanker Körper mit ein paar angenehmen Rundungen; wohltuend herber Geschmack, aber nicht wirklich bitter; im Nachtrunk zeigt sich der Hopfen noch einmal in seiner ganzen Kraft.

Clausthaler Extra Herb

Sorte: Alkoholfreies
Art: untergärig
Gattung: Schankbier
Stammwürze: 7,0% (ursprüngl.)
Alkohol: –
Kohlensäure: 5,4 g/l
Mindesthaltbarkeit:
52 Wochen

Der Hopfen nimmt in diesem Bier die allererste Rolle ein, er beherrscht es vom ersten Schnuppern bis zum allerletzten Schluck; kräftiger und gut duftender Schaum über hellgelbem Bier erfreut das Auge. Feines Aroma, sehr herber Geschmack, leichter Körper mit kräftiger Hopfenblume; alles in allem wirklich eine Alternative zum Pils für alle, die einmal keinen Alkohol zu sich nehmen wollen.

Weitere Sorten:
Pilsener
Export
Export Privat
Diät-Pils
Doppelbock
Kutscher Alt
Black Lager
Ice Beer
Marke Schöfferhofer
Kristallweizen
Hefeweizen
Dunkles Hefeweizen

HENNINGER

Henninger-Bräu AG
60599 Frankfurt/Main, Hainer Weg 37–53

Seit die durch den Konkurs des früheren Inhabers (die März-Gruppe) ins Trudeln geratene Frankfurter Großbrauerei von einer Investorengruppe um den Unternehmer Kindermann übernommen wurde, geht es mit ihr wieder aufwärts. Doch als Sortimentsbrauerei mit einem relativ breiten Angebot ist sie nach wie vor hartem Wettbewerb ausgesetzt.

Die Henninger-Bräu AG hält Mehrheitsbeteiligungen an Eichbaum in Mannheim, an der Freiberger Brauhaus AG in Freiberg/Sachsen und am Frankenthaler Brauhaus, Frankenthal. Sämtliche Anteile hält sie an der Heyland's Brauerei in Aschaffenburg, am Brauhaus Sonneberg in Sonneberg sowie an der Brauerei Schlappeseppel in Aschaffenburg. Verkauft wurden mittlerweile die Bärenquell-Brauerei, Berlin (an Preussen Pils) sowie die Martini Brauereibeteiligungs GmbH und die Privatbrauerei Kropf in Kassel (an Einbeck).

Der Gesamtausstoß der Henninger-Bräu AG belief sich im Braujahr 96/97 auf 2,1 Millionen Hektoliter Bier. Mit ihrem Original Henninger Radler, das im Norden als Alsterwasser verkauft wird, hält sie bundesweit mehr als 50 Prozent Marktanteil, gut 30 Prozent mit dem Klassiker Karamalz, der Nummer zwei unter den Malzgetränken.

Henninger Kaiser Pilsner

Sorte: Pils
Art: untergärig
Gattung: Vollbier
Stammwürze: 11,4%
Alkohol: 4,8%
Kohlensäure: 5,0 g/l
Mindesthaltbarkeit:
36 Wochen

Fahlgelb und mit passabler Schaumkrone versehen; im Duft macht sich das Malz breiter als der Hopfen – ein Pils vom eher süddeutschen Typ, wie er auch in Hessen noch geschätzt wird.
Etwas zu zaghaft gehopft und im Antrunk daher für ein Pils ein wenig zu vollmundig; Bittere ist auf dem Gaumen nur kurz spürbar, hängt aber dann im Nachtrunk deutlich nach: zuviel Bitter- und zuwenig Aromahopfen?

Highlander Whisky Malt Beer

Sorte: Lager/Rauchbier
Art: untergärig
Gattung: Vollbier
Stammwürze: 12,5%
Alkohol: 5,3%
Kohlensäure: 5,0 g/l
Mindesthaltbarkeit:
48 Wochen

Bernsteinfarbenes Bier mit kompaktem Schaum; duftet nach Rauch, aber nicht so intensiv wie ein Bamberger Rauchbier. Die Gerste wird über einem mit Buchenholz und Torf geschürten Feuer bei etwa 85° Celsius gedarrt – wie jene für den Malt Whisky.
Leichtes Röstaroma mit feiner Malzsüße, die durch eine mäßige Hopfengabe abgerundet wird; voller und kräftiger Geschmack, der gut abgerundet ist; nicht gerade spritzig, aber doch gut rezent. Das Bier vor, zu oder nach dem schottischen Malzwhisky.

Weitere Sorten:
Export
Diät-Pils
Doppelbock
Alkoholfreies Bier

LICHER

Licher Privatbrauerei Ihring-Melchior GmbH & Co. KG
35423 Lich, In den Hardtberggärten

Unter dem halben Hundert Brauereien in Hessen gehören nur drei zum Club der Hektoliter-Millionäre. Licher ist eine davon. Das Unternehmen, dem auch die Erfurter Braugold gehört, verwendet nur Rohstoffe aus kontrolliertem Anbau.

Licher Pilsner

Sorte: Pils
Art: untergärig
Gattung: Vollbier
Stammwürze: 11,8%
Alkohol: 4,9%
Kohlensäure: 5,0 g/l
Mindesthaltbarkeit:
39 Wochen

Hellblondes Bier, im wahren Sinne des Wortes gekrönt von einer prachtvollen Blume; es lockt mit feinem Hopfenduft, in dem eine blumig-malzige Note mitschwingt.
Leichtfüßig geht es über die Zunge, gut balancierend zwischen vollmundig und ganz fein herb; gut gehopft, doch nicht aufdringlich bitter; sehr frisch schmeckend und famos rezent; angenehme Herbe im mittellangen Nachtrunk.

Weitere Sorten:
Export
Ice Beer
Leichtbier
Alkoholfreies Bier

MARTINI

Martini-Brauereibeteiligungs GmbH → Einbecker Brauhaus
34119 Kassel, Kölnische Straße 94–104

Das ist die ehemalige Privatbrauerei A. Kropf, die 1859 in Kassel gegründet wurde; seit Oktober 1997 gehört sie zu der Einbecker Brauhaus AG. Den neuen Namen hat sie von der Martinskirche gegenüber der ursprünglichen Braustätte.

Martini Weissbier Hell

Sorte: Weizenbier
Art: obergärig
Gattung: Vollbier
Stammwürze: 12,5%
Alkohol: 5,2%
Kohlensäure: 6,2 g/l
Mindesthaltbarkeit:
40 Wochen

Appetitlich fruchtig und hefig riecht es durch den feinporigen, festen Schaum heraus; die Hefe (Flaschengärung!) ist nur als trübender Schleier zu sehen – gut verteilt.
Herbes Aroma mit fruchtigen Untertönen und dezenter Säure, die etwas »milchig« wirkt; spritzig und ungemein erfrischend; der Nachtrunk ist säuerlich herb, aber durchaus angenehm und hält lang an.

Weitere Sorten:
Weissbier Dunkel
Weissbier Kristallklar
Pilsener
Edel-Pils
Heller Urtyp

LÜBZ

Mecklenburgische Brauerei Lübz → Holsten
19386 Lübz, Parchimer Straße 31

Schon zu DDR-Zeiten braute die Lübzer Brauerei nach dem Reinheitsgebot, was keineswegs selbstverständlich war. Die 1877 gegründete Brauerei nähert sich unter der Holsten-Regie bereits der 800 000-Hektoliter-Marke.

Lübzer Pils

Sorte: Pils
Art: untergärig
Gattung: Vollbier
Stammwürze: 11,2%
Alkohol: 4,9%
Kohlensäure: 5,2 g/l
Mindesthaltbarkeit:
26 Wochen

Schaum steht stramm und verwehrt von oben beharrlich die Sicht auf das hellgoldene Bier darunter; angenehmer Geruch ohne Seitensprung in Richtung Hefeherrschaft.
Aromatischer Trunk, nicht zu voll, aber auch nicht zu lasch; angenehm rezent, aber auf der Bitterwerte-Skala ziemlich unten angesiedelt, soll heißen: sparsam gehopft; der Schaum hält sich prächtig bis zum Schluß, aber die Hopfenblume verwelkt leider allzu vorzeitig.

Weitere Sorte:
Export

ROSTOCKER

Rostocker Brauerei → Beck & Co.
18057 Rostock, Doberaner Straße 27

Die Rostocker Brauerei wurde im Jahr 1991 von der Bremer Beck-Gruppe übernommen. In den Jahren darauf investierte der neue Inhaber rund 40 Millionen Mark in die Modernisierung; der Markenauftritt wurde komplett aktualisiert.

Rostocker Pils

Sorte: Pils
Art: untergärig
Gattung: Vollbier
Stammwürze: 11,2%
Alkohol: 4,9%
Kohlensäure: 5,3 g/l
Mindesthaltbarkeit:
26 Wochen

Feine Bläschen streben munter Richtung Schaumdecke; der Duft alleine macht schon Appetit; geschmackvoller Antrunk, richtig »pilsig«.
Am Hopfen hat der Brauer nicht gespart, die Bittere ist spürbar, aber nicht aufdringlich; schlanker Körper mit komplexen Aromen, trocken; sehr spritzig; im Abgang zeigt der Hopfen nochmals Flagge.

Weitere Sorten:
Dunkel
Export
Hansebräu
Bock Hell
Bock Dunkel
Starkbier
Maibock
Weihnachtsbock

STRALSUNDER

Stralsunder Brauerei GmbH
18439 Stralsund, Greifswalder Chaussee 84–85

Diese Braustätte ist die einzig noch verbliebene im Landesteil Vorpommern. Die Inhaber ließen sich modernste Brau- und Abfüllanlagen 45 Millionen kosten. Um die Frische des Bieres zu garantieren, wird nur in die Region ausgeliefert.

Stralsunder Premium Pommeranium Lager

Sorte: Lager
Art: untergärig
Gattung: Vollbier
Stammwürze: 11,7%
Alkohol: 4,7%
Kohlensäure: 5,5 g/l
Mindesthaltbarkeit:
26 Wochen

Bildschön blankes Bier mit hellem Goldton, ein Schaum wie Sahne so fein; könnte in der Tat aus dem Faß gezapft worden sein; malziger Duft.
Milder Antrunk, voller Körper und typgerechte Rezenz; weicher, vom Malz geprägter Geschmack mit hintergründiger Süße; aromatischer und anhaltender Nachtrunk.

Weitere Sorte:
Pils

EINBECKER

Einbecker Brauhaus AG
37574 Einbeck, Papenstraße 4–7

Hauptaktionär dieser »Wiege der Bockbiere« ist die Brau & Brunnen AG. Das Einbecker Brauhaus übernahm 1988 die Göttinger Brauhaus AG und führt diese seit 1993 im Rahmen eines Unternehmensvertrags als Braustätte.

Einbecker Ur-Bock hell

Sorte: Bockbier
Art: untergärig
Gattung: Starkbier
Stammwürze: 16,2%
Alkohol: 6,5%
Kohlensäure: 5,2 g/l
Mindesthaltbarkeit:
39 Wochen

Strohhell, hübsch gedeckelt von feinporigem, duftigem Schaum; appetitmachender Hopfengeruch; Kohlensäure steigt in kleinen Perlen nach oben.
Malzsüße läßt sich nicht verleugnen, paart sich jedoch willig mit kräftiger Bittere zu einer vollmundigen Allianz; sehr frisch und für ein Bockbier überraschend süffig; im Nachtrunk meldet sich der Hopfen lautstark zu Wort.

Weitere Sorten:
Pils
Dunkel
Spezial
Ur-Bock dunkel
Mai-Ur-Bock
Alkoholfreies Bier

FELDSCHLÖSSCHEN

Feldschlößchen Aktiengesellschaft → Holsten
38102 Braunschweig, Wolfenbütteler Straße 33

Seit 1990 gehört die Feldschlößchen AG, eine der größten Braustätten Niedersachsens, zur Holsten-Gruppe. Sie wurde 1871 von den Brüdern Bendt gegründet und 1888 von einem neuen Besitzer in eine Aktiengesellschaft umgewandelt.

Feldschlößchen Pilsner Premium

Sorte: Pils
Art: untergärig
Gattung: Vollbier
Stammwürze: 11,2%
Alkohol: 4,9%
Kohlensäure: 5,2 g/l
Mindesthaltbarkeit:
26 Wochen

Mittleres Gelb, Schaum fest und dauerhaft; angenehmer Geruch, in dem das Malz ein wenig vordrängelt. Angenehm rezent; süffiges Bier, das eventuell noch eine weitere Hopfengabe hätte vertragen können; läßt vor allem im Nachtrunk doch das Hopfenaroma ein wenig vermissen.

Weitere Sorten:
Spezial Hell
Lager

JEVER

Friesisches Brauhaus zu Jever GmbH & Co. KG
26441 Jever, Elisabethufer 18

Als Tochterfirma der Hamburger Bavaria-St. Pauli-Brauerei kam Jever 1994 zu Brau & Brunnen. Der Konzern verkaufte die Hamburger Brauerei 1998 wieder, behielt jedoch das angesehene und umsatzstarke Friesische Brauhaus zu Jever.

Jever Pilsener

Sorte: Pils
Art: untergärig
Gattung: Vollbier
Stammwürze: 11,4%
Alkohol: 4,9%
Kohlensäure: 5,0 g/l
Mindesthaltbarkeit:
36 Wochen

Großzügig gehopft, was eine kräftige Bitternote einerseits und ein vorbildliches Aroma andererseits zur Folge hat; kräftiger Geschmack, der erst im nachhinein etwas Hefe freigibt; spritzig, frisch. Der Nachtrunk ist intensiv und kräftig, aber angenehm bitter; er hält ungemein lang vor und weckt ganz famos den Appetit.

Weitere Sorten:
Leichtbier
Alkoholfreies Bier

LÜNEBURGER

Lüneburger Kronen-Brauerei AG → Holsten
21337 Lüneburg, Gebrüder-Heyn-Straße 8

Hier läßt die Holsten-Gruppe, die das Lüneburger Brauhaus in den 70er Jahren übernahm, ihr Moravia Pils brauen. Und wenn Not am Mann ist, auch die eine oder andere Charge Holsten Pils. Lüneburg ist quasi das »Vorwerk« von Holsten.

Lüneburger Pilsener

Sorte: Pils
Art: untergärig
Gattung: Vollbier
Stammwürze: 11,2%
Alkohol: 4,8%
Kohlensäure: 5,2 g/l
Mindesthaltbarkeit:
24 Wochen

Anfänglich guter Schaum auf blankem, hell goldfarbenem Bier, aber dann löst sich die »Mütze« voreilig auf; neuer Versuch mit frischem Glas – wieder löst sich der zuerst schöne Schaum schnell auf. Die Nase macht Malz aus, der Gaumen bestätigt es; ein ausgewogenes Aroma füllt den Mund; nur leicht herb, aber im Nachtrunk zeigt der (Bitter-?)Hopfen ein bißchen zu stark die Zähne.

Weitere Sorten:
keine

BARRE

Privatbrauerei Ernst Barre
32312 Lübbecke, Berliner Straße 122–124

Im Jahr 1841 legte Ernst Johann Barre in Lübbecke am Rand des Wiehengebirges den Grundstein zur heutigen Brauerei. Die ist rund eine Viertelmillion Hektoliter stark und verweist gern auf ihr hervorragendes Quell-Brauwasser.

Ernst Johann Original

Sorte: nicht einzuordnen
Art: obergärig
Gattung: Vollbier
Stammwürze: 11,4%
Alkohol: 4,8%
Kohlensäure: 5,2 g/l
Mindesthaltbarkeit:
26 Wochen

Ein kaffeefarbenes Bier mit einem cappuccinofarbenen, sahnig-dichten Schaum; Duft nach stark getoastetem Brot. Kräftiges Röstaroma mit einer verhaltenen Malzsüße; angenehm herb, aber keineswegs zu bitter; vollmundig; schöne Rezenz, guter, reifer Geschmack; trotz gewisser »Fülle« leicht zu trinken.

Weitere Sorten:
Pils
Alt
Maibock
Alkoholfreies Bier

BOLTEN

Bolten-Brauerei Carl Bolten
41352 Korschenbroich, Rheydter Straße 138

Das private Brauhaus kann sich älteste Altbierbrauerei der Welt nennen, denn es wurde schon 1266 gegründet. Über 300 Jahre ist es im Besitz der Familie Bolten, die mit ihrem Bier immer wieder hohe Auszeichnungen einheimst.

Boltens Ur-Alt

Sorte: Alt
Art: obergärig
Gattung: Vollbier
Stammwürze: 11,8%
Alkohol: 4,8%
Kohlensäure: 5,2 g/l
Mindesthaltbarkeit:
24 Wochen

Rötlichbraunes, ungefiltertes Bier, von sehr fein verteilter Hefe apart getrübt; cremiger, standfester Schaum in der Farbe von Nußeis; würziger, leicht nussiger Duft.
Der Geschmack eine gute Melange von Malzsüße und Hopfenherbe; feines, ausgewogenes Aroma mit einer Andeutung von Bitterschokolade und Früchten; trocken, süffig und wunderschön lang nachklingend.

Weitere Sorten:
Alt
Ur-Weizen

DAB

Dortmunder Actien-Brauerei AG → Binding
44145 Dortmund, Steigerstraße 20

Seit ihrer Gründung im Jahr 1867 hat sich die Dortmunder Actien-Brauerei zu einer der bedeutendsten Brauereien in Deutschland entwickelt. DAB erwarb 1996 die Marken von der Privatbrauerei Kronen und die Vertriebsrechte dafür.

DAB Pilsener

Sorte: Pils
Art: untergärig
Gattung: Vollbier
Stammwürze: 11,2%
Alkohol: 4,8%
Kohlensäure: 5,0 g/l
Mindesthaltbarkeit:
35 Wochen

Kräftiges Gelb, der Schaum eine Idee zu grobporig; riecht sehr angenehm nach Hopfen.
Nur wenig bitter, aber mit gutem Hopfenaroma; leicht fülliger Körper, den die feine Rezenz schlanker erscheinen läßt; ausgeglichenes Aroma und gelungener Nachtrunk.

Weitere Sorten:
Strong Pilsener
Diät Pils
Export
Original
Leichtbier
Alkoholfreies Bier

DIEBELS

Privatbrauerei Diebels
47661 Issum, Brauerei-Diebels-Straße 1

Diese Privatbrauerei ist die einzige, die mit einem Altbier in der Liste der Marken mit mehr als einer Million Hektoliter Ausstoß vertreten ist. Mit 1,6 Millionen Hektolitern kam sie 1997 auf einen Anteil von fast 63 Prozent im Altbiermarkt.

Diebels Alt

Sorte: Alt
Art: obergärig
Gattung: Vollbier
Stammwürze: 11,8%
Alkohol: 4,8%
Kohlensäure: 5,4 g/l
Mindesthaltbarkeit:
26 Wochen

Üppig steht der Schaum auf dem Glas und flirtet malzig-bitter mit der Zungenspitze; blitzblankes Bier in der Farbe von dunklem Bernstein.
Im Antrunk streitet sich der Hopfen mit der Süße von geröstetem Malz und gewinnt schließlich; vollmundiges, weiches, angenehm herbes Bier mit nuancenreichem Aroma und guter Rezenz; nur der Abgang könnte sich etwas mehr Zeit lassen.

Weitere Sorten:
Leichtbier
Alkoholfreies Bier

DOM

Dom-Brauerei Köln
50968 Köln, Tacitusstraße 15

Seit 1972 gehört die Dom-Brauerei zur Stern-Brauerei Carl Funke AG, Essen, die im Jahr 1998 in Dom-Brauerei AG umbenannt wurde. Sie zählt heute zu den größten Anbietern von Kölsch und ist seit 1997 auch mit einem Pils präsent.

Dom Kölsch

Sorte: Kölsch
Art: obergärig
Gattung: Vollbier
Stammwürze: 11,3%
Alkohol: 4,8%
Kohlensäure: 5,2 g/l
Mindesthaltbarkeit:
26 Wochen

Goldgelb, mit einem zarten Schaum, der mitspielt bis zur Neige; verhalten malziger Duft, in dem die Nase noch einige Fruchtnoten aufspürt (kommt wohl vom mitverwendeten Weizenmalz).
Nur mäßig bitter, aber mit einer hübschen Hopfenblume geschmückt; Malzgeschmack mit Fruchtaroma im Gepäck; süffig, würzig und im langen Nachtrunk ein klein wenig an Kräuter erinnernd.

Weitere Sorte:
Pils

GATZWEILER

Privatbrauerei Gebr. Gatzweiler
40549 Düsseldorf, Viersener Straße 52–56

Von den rund 300 000 Hektolitern Jahresausstoß fließt etwa die Hälfte in Gastronomiebetriebe. Die von einem Enkel des Firmengründers geleitete Brauerei betreibt überdies noch ihr Stammhaus, die Hausbrauerei »Zum Schlüssel«, Düsseldorf.

Gatz Altbier

Sorte: Alt
Art: obergärig
Gattung: Vollbier
Stammwürze: 11,3%
Alkohol: 4,8%
Kohlensäure: 5,2 g/l
Mindesthaltbarkeit:
26 Wochen

Bei Lichte besehen rostrotes Bier mit karamelcremefarbenem Schaum, der – immer schön am Rand lang – tapfer dem Zecher durch das Glas folgt; fruchtiger Duft, der zudem ein wenig an gebrannte Mandeln erinnert.
Beim ersten Schluck netzt Karamelsüße die Lippen; das Malz beherrscht das Feld und läßt den Hopfen nur langsam zum Zuge kommen; Kohlensäure tanzt mit dem Aroma von Röstmalz munter auf der Zunge herum; im Nachtrunk hat der Aromahopfen endlich die Nase vorn.

Weitere Sorte:
Alkoholfreies Bier

KÖNIG

König Brauerei GmbH & Co. KG
47139 Duisburg, Friedrich-Ebert-Straße 255–263

Mit fast 2,3 Millionen Hektolitern »Köpi« und Kelts eines der größten Brauhäuser in Deutschland. Das Familienunternehmen ist in der gehobenen Hotellerie und Gastronomie stark vertreten und hat einen Faßbieranteil von gut einem Drittel.

König-Pilsener

Sorte: Pils
Art: untergärig
Gattung: Vollbier
Stammwürze: 11,5%
Alkohol: 4,9%
Kohlensäure: 5,2 g/l
Mindesthaltbarkeit:
26 Wochen

Schaum wie eine Pelzmütze, sonnenblumenfarbenes Bier mit munterem Mousseux; für die Nase ein höchst erfreuliches Pils. Vollmundig und rezent ist der erste Schluck; kräftiger und würziger Geschmack; der Hopfen gebärdet sich wie ein betagter Diesel: Es dauert, bis er auf Touren kommt, doch dann ist er nicht mehr zu halten; zum Schluß, soll heißen im Nachtrunk, ist er kaum noch zu bremsen.

Weitere Sorte:
Alkoholfreies Bier

KROMBACHER

Krombacher Brauerei Bernhard Schadeberg GmbH & Co.
57223 Kreuztal-Krombach, Hagener Straße 261

Mit 4,5 Millionen Hektolitern Pils ist Krombacher zweitstärkste Brauerei Deutschlands. Der Ausstoß hat sich seit Mitte der 80er Jahre nahezu vervierfacht; kein anderer Premiumbrauer hatte eine derart positive Entwicklung.

Krombacher Pils

Sorte: Pils
Art: untergärig
Gattung: Vollbier
Stammwürze: 11,6%
Alkohol: 4,8%
Kohlensäure: 5,0 g/l
Mindesthaltbarkeit:
26 Wochen

Kräftige Farbe und attraktiver Schaum; zurückhaltend im Duft; im frisch eingeschenkten Bier zeigen sich nur sehr wenige Kohlensäurebläschen.
Hält gekonnt die Balance zwischen Malz und Hopfen; kräftiges Aroma, weicher und runder Körper; gut gehopft und vergleichsweise trocken; fruchtiges, volles Aroma und beifallheischender Abgang.

Weitere Sorte:
Leichtbier

KRONEN

Kronen Privatbrauerei Dortmund GmbH & Co. → DAB
44139 Dortmund, Kronenburgallee 1

Die älteste Brauerei der Bierhochburg Dortmund kam über die Dortmunder Brauallianz 1996 zur Dortmunder Actien-Brauerei. Kronen bietet neben den eigenen Sorten auch die ihrer Tochterfirma, der Privatbrauerei Thier, an.

Kronen Pilsener

Sorte: Pils
Art: untergärig
Gattung: Vollbier
Stammwürze: 11,4%
Alkohol: 4,8%
Kohlensäure: 5,0 g/l
Mindesthaltbarkeit: 35 Wochen

Ansehnliche Liaison zwischen blütenweißer Blume und sanftgelbem Bier; lecker duftet Hopfenblümchen aus der Malzwiese heraus. Nicht bitter, aber klassisch herb; leichter Körper, ausgewogener Geschmack mit ein paar fruchtigen Einschlägen; Rezenz, wie sie sein soll; ein durchgängig angenehmes Hopfenaroma, das im Nachtrunk vollends aufblüht.

Weitere Sorten:
Export
Classic
Alt
Alkoholfreies Bier

PINKUS MÜLLER

Brauerei Pinkus Müller GmbH & Co. KG
48143 Münster, Kreuzstraße 4–10

Von den 150 Altbierbrauereien, die es einst in Münster gab, ist nur diese 1816 gegründete geblieben. Groß ist sie nicht, aber bekannt: Hans Müller exportiert sein berühmtes Bio-Bier in viele europäische Länder, in die USA und nach Japan.

Original Pinkus

Sorte: Alt
Art: obergärig
Gattung: Vollbier
Stammwürze: 12,1%
Alkohol: 5,3%
Kohlensäure: 5,1 g/l
Mindesthaltbarkeit:
52 Wochen

Die Nasenflügel klatschen begeistert Beifall: fruchtig und leicht säuerlich duftet's heraus, fast so wie Apfelmost mit Weißbrot; Alt ist's zwar, aber es sieht mit seinem goldenen Teint nicht aus wie ein herkömmliches Altbier.
Voller Antrunk, bei dem die Zunge frohlockt, so vollendet kommt er daher; feine fruchtige Säure hat das Sagen, Ergebnis eines üppigen Weizenmalz-Anteils, der Milchsäuregärung und langer Reifezeit; ein Bier mit Wein-Charakter und einem Abgang, der einen Tusch verdient.

Weitere Sorten:
Spezial
Hefe-Weizen
Pils
Leichtbier
Alkoholfreies Bier

ROLINCK

Privatbrauerei A. Rolinck
48565 Steinfurt, Wettringer Straße 41

Der Gründer dieser renommierten Brauerei war Hofmusiker im Wasserschloß Steinfurt, ehe er sein Hobby, das Brauen, um das Jahr 1820 zum Beruf machte. Die Brauerei wird in fünfter Generation von seinen Nachfolgern geführt.

Rolinck Pilsener

Sorte: Pils
Art: untergärig
Gattung: Vollbier
Stammwürze: 11,6%
Alkohol: 5,0%
Kohlensäure: 5,3 g/l
Mindesthaltbarkeit:
26 Wochen

Feinporiger Schaum auf dem blanken, klaren Bier; schöner Duft mit einigen Nuancen; gut mit Kohlensäure bestückt. Vollmundiger Antrunk, ein kräftiger, sauberer, typischer Geschmack; elegant gehopft, angenehm herb; geht frisch und spritzig halsabwärts und zeigt beim Ab gang nochmals ein feines Hopfenfähnchen.

Weitere Sorten:
Spezial-Pils
Spezialbier
Alt
Alkoholfreies Bier

STAUDER

Privatbrauerei Jacob Stauder GmbH & Co.
45326 Essen, Stauderstraße 88

Von Dr. Claus Stauder und Dipl.-Braumeister Rolf Stauder in fünfter Generation geführtes Familienunternehmen, das sich in der Klein-aber-fein-Ecke prächtig entwickelt. Zum Hause gehört auch die Borbecker Dampf-Bierbrauerei in Essen.

Stauder Pils

Sorte: Pils
Art: untergärig
Gattung: Vollbier
Stammwürze: 11,3%
Alkohol: 4,6%
Kohlensäure: 5,1 g/l
Mindesthaltbarkeit:
26 Wochen

Schaum wie Schlagsahne auf hellgoldfarbenem Trunk; der Hopfen hat sich mit Fruchtdüften verbündet und steigt durch die standhafte Blume in die Nase. Graziles Körperchen, apart geschmückt mit Hopfenblume und dezent parfümiert mit einem Hauch feiner Säure; kommt höchst elegant daher und macht dabei verhalten herbe Miene; winkt beim Abgang noch mit einem Strauß aus Hopfen und Blüten.

Weitere Sorte:
Export

THIER

Privatbrauerei Thier GmbH › Kronen
44141 Dortmund, Märkische Straße 85

Zu diesem Brauhaus, das über die Privatbrauerei Kronen zu DAB kam, gehört auch die Hövels Hausbrauerei. Thier pries sein Bitterbier als »Ersatz für Pilsener an«, als das Pils gegen Ende des 19. Jahrhunderts in Deutschland populär wurde.

Hövels Original Bitterbier

Sorte: nicht einzuordnen
Art: obergärig
Gattung: Vollbier
Stammwürze: 12,5%
Alkohol: 5,5%
Kohlensäure: 4,8 g/l
Mindesthaltbarkeit:
17 Wochen

Schaum zum Schlecken: fest, sanft prickelnd, zartbitter wie dezent gezuckerte Schokolade; macht optisch hübschen Kontrast zum Bier, das aussieht wie perfekter Schwarztee.
Malzsüße mit Röstaromen weicht langsam der Bittere, die keinesfalls unangenehm ist, sondern eine neue Erfahrung für die Zunge: vorne spürt sie die scheue Süße, hinten die kesse Herbe; gewiß bitterer als manches Pils, aber diese Bittere ist sehr hübsch in ein charmantes Aroma verpackt, das dem Gaumen noch lange nach dem letzten Schluck viel Freude macht.

Weitere Sorten:
Pils
Alkoholfreies Bier

VELTINS

Brauerei C. & A. Veltins GmbH & Co.
59872 Meschede-Grevenstein, An der Streue

Eine große Brauerei in einem kleinen Ort im Sauerland, aus einer Gasthausbrauerei entstanden und 1852 von Clemens Veltins übernommen. Mit einem Ausstoß von 2,3 Millionen Hektolitern gehört Veltins zu den größten deutschen Brauern.

Veltins Pilsener

Sorte: Pils
Art: untergärig
Gattung: Vollbier
Stammwürze: 11,8%
Alkohol: 4,8%
Kohlensäure: 5,2 g/l
Mindesthaltbarkeit:
26 Wochen

Sonnengelb, gut behütet von fast rasierschaumfeiner Blume; herber, ja »maskuliner« Duft in üppiger Dosierung. Gut würzig, fein bitter und mundfüllend, ohne zu schwer zu werden; Hopfen umgarnt den Gaumen, ohne ihn jedoch zu belästigen, ein schüchterner Malzton ist auch um die Geschmacksknospen bemüht; den Abgang machen die beiden Rivalen dann aber in friedlichster Eintracht.

Weitere Sorte:
Leichtbier

WARSTEINER

Warsteiner Brauerei Haus Cramer GmbH & Co. KG
59581 Warstein

Im Jahr 1753 zahlte Konrad Cramer in Warstein zum erstenmal Biersteuer. Seine Nachkommen führen die erfolgreichste Privatbrauerei Deutschlands: Warsteiner ist mit fast 5,5 Millionen Hektolitern die größte Biermarke in Deutschland.

Warsteiner Premium Verum

Sorte: Pils
Art: untergärig
Gattung: Vollbier
Stammwürze: 11,6%
Alkohol: 4,8%
Kohlensäure: 5,4 g/l
Mindesthaltbarkeit:
26 Wochen

Vergleichsweise helles Bier mit zufriedenstellender Krone aus Schaum; das Rennen um die Nase hat das Malz vor dem Hopfen gewonnen.
Leichtfüßig trippelt dieses Bier über die Zunge, leichte Süße verbreitend und mit der Herbheit geizend; etwas ganz feine Bittere geht aber dann doch am Gaumen vor Anker; Rezenz hilft halsabwärts, der Nachtrunk jedoch macht allzu flott die Flatter.

Weitere Sorten:
Leichtbier
Alkoholfreies Bier

BISCHOFF

Brauerei Bischoff KG
67722 Winnweiler, An den Hopfengärten 6

Vor über 130 Jahren gegründete und bis heute im Besitz der Familie Bischoff befindliche Brauerei mit einem Ausstoß von etwa 150 000 Hektolitern, aktiv in der Förderung heimischer Naturschutzprojekte und nach DIN ISO 9001 zertifiziert.

Bischoff Premium Pilsener

Sorte: Pils
Art: untergärig
Gattung: Vollbier
Stammwürze: 11,3%
Alkohol: 4,7%
Kohlensäure: 5,2 g/l
Mindesthaltbarkeit:
26 Wochen

Strohblumengelbes und mit duftigem, sahnigem Schaum animierendes Bier, das frech nach feinem Hopfen riecht. Der macht den Antrunk zur harmonischen Ouvertüre und spielt dann pianissimo auf der Zunge weiter; »edelherb« wäre vielleicht der treffende Ausdruck; gutes, wenngleich nicht allzu fülliges Aroma; ein Schlußakkord, der leise, aber lange nachklingt.

Weitere Sorten:
Pils
Export
Weizen
Ur-Weisse
Ur-Schwarze
Doppelbock
Dunkel
Leichtbier
Alkoholfreies Bier

BITBURGER

Bitburger Brauerei Th. Simon GmbH
54634 Bitburg, Römermauer 3

Die 1817 gegründete Brauerei, in siebter Generation Besitz der Familie, gehört zu den größten Brauereien Deutschlands und steht mit ihrem Pils auf Platz 3 in der Liste der größten Marken. Sie setzt jährlich mehr als 700 Millionen Mark um.

Bitburger Premium Pils

Sorte: Pils
Art: untergärig
Gattung: Vollbier
Stammwürze: 11,4%
Alkohol: 4,6%
Kohlensäure: 5,0 g/l
Mindesthaltbarkeit:
26 Wochen

Fester Schaum auf malzduftigem, ganz hellem Bier; feine Perlen steigen aufwärts, um die Blume zu festigen.
Ein gelungenes Zusammenspiel von feiner Malzigkeit und zurückhaltender Herbe; aromatischer Hopfen gibt aus dem Hintergrund den Ton an; fruchtige Töne runden diese Sinfonie gekonnt ab; Aromahopfen schlägt zum Schluß noch sachte die Pauke.

Weitere Sorten:
Leichtbier
Alkoholfreies Bier

BRUCH

Brauerei G. A. Bruch
66123 Saarbrücken, Scheidter Straße 24–42

Die älteste Brauerei des Saarlandes, 1702 gegründet und in der achten Generation in Familienbesitz. Bruch hat sich relativ früh auf Spezialbiere konzentriert und betreibt in seinem alten Stammhaus die Gasthausbrauerei »Stiefel Bräu«.

Bruch Zwickel Hefetrüb

Sorte: Pils
Art: untergärig
Gattung: Vollbier
Stammwürze: 11,8%
Alkohol: 4,9%
Kohlensäure: 5,2 g/l
Mindesthaltbarkeit:
26 Wochen

Sieht aus wie Eischnee auf einem Bisquit und lockt die Nase zum Näherkommen: schmeichelnder Hefeduft mit feinen, fruchtigen Akzenten.
Dreisterne-Rezenz von »A« wie Antrunk bis »Z« wie Zapfenstreich; barocker Körper in einem Mieder aus stabiler und feinster Bittere; die Hefe, der das Filtern erspart blieb, bedankt sich dafür als dezent würzendes Element; ein fulminanter Nachtrunk, der den Gaumen restlos beglückt.

Weitere Sorten:
Landbier
Fest-Bock
Edel-Pils
Spezial (Helles)

FELDSCHLÖSSCHEN

Feldschlößchen Aktiengesellschaft/Holsten
01189 Dresden, Cunnersdorfer Straße 25

Feldschlößchen-Bier gab es schon zu DDR-Zeiten aus der Brauerei im Dresdener Stadtteil Coschütz. Die ist heute im Besitz der Sächsischen Brau-Union, die zur Braunschweiger Brauerei Feldschlößchen und damit zu Holsten gehört.

Schwarzer Steiger

Sorte: Schwarzbier
Art: untergärig
Gattung: Vollbier
Stammwürze: 11,2%
Alkohol: 4,8%
Kohlensäure: 5,1 g/l
Mindesthaltbarkeit:
26 Wochen

Schaum in Beige, das Bier in tiefstem Dunkelbraun; Nase denkt an Malz, an geröstete Nüsse und Kaffee.
Schon im Antrunk kräftige Röstnoten, die noch stärker werden; verhalten herb und gut malzig; gediegen rezent; kräftiger Nachtrunk mit einer angenehm herben Note.

Weitere Sorte:
Pils

KROSTITZER

Krostitzer Brauerei GmbH → Binding
04509 Krostitz, Brauereistraße 12–14

Seit 1990 gehört die Brauerei zur Binding-Brauerei AG, die 70 Millionen Mark in eine umfassende Erneuerung der Technik investierte. Mit 114 Mitarbeitern setzte sie 1997 um die 340 000 Hektoliter ab, davon fast 30 Prozent im Faß.

Ur-Krostitzer

Sorte: Pils
Art: untergärig
Gattung: Vollbier
Stammwürze: 12,2%
Alkohol: 5,0%
Kohlensäure: 5,2 g/l
Mindesthaltbarkeit:
26 Wochen

Der schöne Schaum hält sich gut auf dem sattgelben Bier, das für ein Pils schon etwas sehr dunkel geraten ist; aus dem Glas riecht es malzig. Malz betört zu Beginn die Zunge, wird aber alsbald von kräftiger Hopfenbittere in die Flucht geschlagen; prickelt noch ganz gut; im Nachtrunk ist der Hopfen (Bitterhopfen?) entschieden zu aufdringlich.

Weitere Sorte:
Schwarzbier

RADEBERGER

Radeberger Exportbierbrauerei GmbH › Binding
01454 Radeberg, Dresdner Straße 2

Die Bezeichnung Exportbierbrauerei weist darauf hin, daß sie schon vor der Jahrhundertwende Bier ausführte; allerdings nicht die Sorte Export, sondern damals schon Pilsener. Heute braut sie 1,7 Millionen Hektoliter im Jahr.

Radeberger Pilsner

Sorte: Pils
Art: untergärig
Gattung: Vollbier
Stammwürze: 11,6%
Alkohol: 4,8%
Kohlensäure: 5,3 g/l
Mindesthaltbarkeit: 26 Wochen

Schaum, wie vom Maître mit dem Schneebesen gekonnt aufgeschlagen, darunter hell goldfarbenes Bier, das frisch nach Hopfen duftet. Würziger Antrunk, typengerecht vollmundig; hübsch abgerundeter Körper, den eine durchgehend angenehme Hopfennote schmückt; Kohlensäure im rechten Maß; zum Schluß gibt der Hopfen eine gelungene Vorstellung.

Weitere Sorten:
keine

WERNESGRÜNER

Wernesgrüner Brauerei AG
08237 Wernesgrün, Bergstraße 4

Mitte 1994 wurde die 1436 gegründete Brauerei privatisiert. Als einzige namhafte Brauerei in Ostdeutschland ist sie unabhängig von westdeutschen Braukonzernen. Sie braut ausschließlich Pils und kam 1997 auf fast 830 000 Hektoliter.

Wernesgrüner Pils Legende

Sorte: Pils
Art: untergärig
Gattung: Vollbier
Stammwürze: 11,3%
Alkohol: 4,9%
Kohlensäure: 5,3 g/l
Mindesthaltbarkeit: 26 Wochen

Gibt mit Blume, Couleur und Brillanz ein gutes Bild ab; ein feiner Duft verstärkt den ersten, guten Eindruck. Mächtiger Antrunk, in dem sich der Hopfen noch etwas zurückhält, um danach ganz entschieden aufzutreten: elegante Herbe, schnuckelige Hopfenblume; dazu ein brav zurückhaltendes Malzaroma; geschmeidiger Körper, gute Rezenz; der Nachtrunk ist derart gelungen, daß unbedingt ein »Nachschlag« folgen muß.

Weitere Sorten:
keine

DITHMARSCHER

Dithmarscher Brauerei Karl Hintz GmbH & Co. KG
25709 Marne, Oesterstraße 18

Mit einem Absatz von 180 000 Hektolitern Bier und einem Umsatz von 30 Millionen Mark ist diese Brauerei ein wesentlicher Wirtschaftsfaktor für die Region. Dank Bügelflasche stieg der Absatz in zehn Jahren auf das 15fache.

Dithmarscher Pilsener

Sorte: Pils
Art: untergärig
Gattung: Vollbier
Stammwürze: 11,5%
Alkohol: 4,6%
Kohlensäure: 5,0 g/l
Mindesthaltbarkeit:
26 Wochen

Der Schaum festigt sich zur dichten Decke; Malzbouquet riecht darunter hervor, durchsetzt mit Hopfensträußchen.
Weich und voll rollt dieses Pils an, gut mit Hopfen beladen, der aber sorgsam in ein vielschichtiges Malzaroma gehüllt ist; feine Bittere in vollem Körper, schön rezent; der Nachtrunk läßt noch bestens dosierte Hopfengabe spüren.

Weitere Sorte:
Dunkel

FLENSBURGER

Flensburger Brauerei Emil Petersen GmbH & Co. KG
24937 Flensburg, Munketoft 12

Die Brauerei im Besitz der Familie Dethleffsen zählt zu den modernsten im Lande und stößt jährlich mehr als eine halbe Million Hektoliter Bier aus. Das wird ausschließlich in Flaschen mit dem beliebten Bügelverschluß gefüllt.

Flensburger Pilsener

Sorte: Pils
Art: untergärig
Gattung: Vollbier
Stammwürze: 11,3%
Alkohol: 4,8%
Kohlensäure: 5,3 g/l
Mindesthaltbarkeit:
30 Wochen

Preiswürdiger Schaum über blitzblankem, hellem Bier; die Nase berauscht sich an der prallvollen Hopfenwolke, in der lediglich ein paar kleine Malzfetzen mitfliegen.
Die Rezenz ist stehenden Beifall wert; der feine Hopfen spielt seine Hauptrolle mit Bravour, läßt aber das Malz immerhin als Statisten glänzen; prächtig eingespieltes Ensemble, dessen Abgang – Hopfen tritt noch einmal an die Rampe – gleich mehrere Vorhänge wert ist.

Weitere Sorten:
Dunkel
Export
Alkoholfreies Bier

KÖSTRITZER

Köstritzer Schwarzbierbrauerei GmbH & Co. → Bitburger
07586 Bad Köstritz, Heinrich-Schütz-Straße 16

Eine der ältesten Brauereien Deutschlands, 1543 zum erstenmal urkundlich erwähnt. Im April 1991 wurde sie von der Bitburger Brauerei übernommen. Allein von ihrem Schwarzbier verkauften die Köstritzer 1997 über 370 000 Hektoliter.

Köstritzer Schwarzbier

Sorte: Schwarzbier
Art: untergärig
Gattung: Vollbier
Stammwürze: 11,4%
Alkohol: 4,8%
Kohlensäure: 5,2 g/l
Mindesthaltbarkeit:
26 Wochen

Schwarz wie die Nacht, der Schaum darüber cremefarben und konsistent wie ein prima gelungenes Soufflée; es riecht nach behutsam geröstetem Korn und ein bißchen nach kräftigem Karamel.
Das Bier, so rund wie ein Napfkuchen, füllt den Mund vollendet und ist doch nicht schwer; feine Süße, gepaart mit angenehmer Herbe; gut rezent; malziges Röstaroma mit Spuren von Bitterschokolade und dunklem Karamel; eine sehr dezente Kaffeenote; ein trockener Nachtrunk mit elegantem Hopfenaroma.

Weitere Sorten:
Pils
Export
Diät-Bier
Dunkles Bockbier

EGGENBERG

Brauerei Eggenberg Stöhr & Co. KG
A-4655 Vorchdorf, Eggenberg 1

Seit 1681 wird in Eggenberg gewerblich Bier gebraut. Die Vorfahren des heutigen Eigentümers erwarben die Brauerei im Jahre 1803. Pro Jahr werden hier rund 150 000 Hektoliter gebraut, durchweg nach dem Deutschen Reinheitsgebot.

Schloß Eggenberg Urbock 23°

Sorte: Bock
Art: untergärig
Gattung: Starkbier
Stammwürze: 23,0%
Alkohol: 9,6%
Kohlensäure: 5,3 g/l
Mindesthaltbarkeit:
78 Wochen

Goldfarbenes Bier mit einem standfesten und feinporigen Schaum; sehr würzige Nase. Vollmundig, hopfenbetont; fein frisch und gelungen rezent; ganz leichte Süße, die aber durch kräftige Hopfung schön ausbalanciert wird; rechtschaffen herb und für ein solches Schwergewicht ausgesprochen süffig; kann den Appetit anregen, hängt aber sehr lange am Gaumen.

Weitere Sorten:
Pils
Whisky Malt Beer
Spezial
Märzen
Fest-Bock

GÖSSER

Göss-Reininghaus → Brau Union Österreich
A-4021 Linz, Poschacherstraße 35

Über die Steirerbrau AG kam diese Brauerei in die 1997 neu gegründete Brau Union Österreich AG, die eine 100prozentige Tochtergesellschaft der börsennotierten Brau-Union AG ist. Diese setzt gut fünf Millionen Hektoliter Bier ab.

Gösser Märzen

Sorte: Märzen
Art: untergärig
Gattung: Vollbier
Stammwürze: 11,8%
Alkohol: 5,2%
Kohlensäure: 5,1 g/l
Mindesthaltbarkeit:
26 Wochen

Von adrettem Schaum dicht bedecktes, hellgelbes Bier; die Nase erschnüffelt etwas Hopfen hinter viel Malz. Sauberer Antrunk mit einer erkennbaren Hopfennote; mittelschwerer Körper mit Hang zum Süßlichen; leicht herb, Rezenz spielt etwa im Mittelfeld; der Hopfen ist im Nachtrunk gut wahrnehmbar, die Bittere dabei ist fein verteilt.

Weitere Sorte:
Pils

HIRT

Brauerei Hirt Ges.m.b.H.
A-9322 Hirt/Kärnten

Die 1270 gegründete Brauerei ist in Privatbesitz und versteht sich in erster Linie als Pilsbrauerei. Sie will »klein und fein« bleiben, braut nach alten böhmischen Rezepten und vertreibt ihre Biere seit 1980 im gesamten Österreich.

Hirter Export Pils

Sorte: Pils
Art: untergärig
Gattung: Vollbier
Stammwürze: 12,8%
Alkohol: 5,8%
Kohlensäure: 5,0 g/l
Mindesthaltbarkeit:
26 Wochen

Schön strohblondes Pils mit luftigem Schaum; die Nase wähnt sich im Hopfengarten.
Angenehm bitterer Antrunk mit schönem Hopfenaroma; reifer, voller Geschmack, der vom Saazer Hopfen optimal abgerundet wird; nicht zu schwerer, doch relativ voller Körper; sehr ansprechendes Aroma und harmonischer, vom Hopfen getragener Abgang, der lange anhält.

Weitere Sorten:
Pils Privat
Märzen
Zwickl
Festbock
Spezialbiere
Leichtbier

FALKEN

Brauerei Falken AG
CH-8201 Schaffhausen

Unabhängige mittelständische Brauerei, die 1799 erstmals erwähnt und 1900 in eine Aktiengesellschaft umgewandelt wurde. Sie braut täglich rund 46 000 Liter Bier und setzt pro Jahr über zehn Millionen Liter Bier und andere Getränke ab.

Edelfalke Spezial

Sorte: Hell
Art: untergärig
Gattung: Vollbier
Stammwürze: 12,5%
Alkohol: 5,2%
Kohlensäure: 5,0 g/l
Mindesthaltbarkeit:
26 Wochen

Helles Bier mit feinem Goldschimmer, auf dem wackerer Schaum ausdauernd Wache hält; guter, feiner Geruch. Hopfen reitet beim Antrunk im Trab heran, hält ihn auch durch, ohne je in Galopp zu verfallen; am Gaumen treffen sich liebliche Malzsüße und gekonnt dosierte Herbe zum Stelldichein; ausgeglichenes Aroma; vollmundiges, schön würziges Bier mit gelungenem, zartbitterem Abgang.

Weitere Sorten:
Spezial Dunkel
Lager Hell
Lager Dunkel
Zwickelbier
Weizen Naturtrüb
Premium (Spezial)
Cool
Festbier
Osterbock
Leichtbier
Alkoholfreies Bier

FELDSCHLÖSSCHEN

Feldschlösschen AG
CH-4310 Rheinfelden, Theophil-Roninger-Straße

Diese Braustätte wird gern als »das beliebteste Schloß in der Schweiz« bezeichnet; tatsächlich ist es auch ein sehenswerter Gebäudekomplex, der zahlreiche Besucher anlockt. Die können während einer dreistündigen Brauereibesichtigung das unbestritten schönste Sudhaus der Welt mit seinen zwölf Kupferpfannen sehen, erleben, wie Bier gebraut wird, und diese Biere natürlich auch verkosten.

Feldschlösschen wurde 1876 gegründet, 1890 in eine AG umgewandelt und war bereits acht Jahre später mit einem Ausstoß von 100 000 Hektolitern die größte Brauerei in der Schweiz. Über eine Million Hektoliter wurden erstmals im Braujahr 1973/74 erreicht. 1992 wurde Feldschlösschen zur Holding gleichen Namens, die fünf Tochterfirmen vereinte: Brauerei Feldschlösschen, Brauerei Warteck, Brauerei Gurten, Brasserie Valaisanne und Unifontes. Außerdem hielt sie an der SIBRA SA eine maßgebliche Beteiligung.

Vier Jahre später fusionierte Feldschlösschen mit der Hürlimann Holding AG Zürich zur Feldschlösschen-Hürlimann Holding AG. Die ist seit 1997 neu strukturiert, die Bierproduktion wurde auf Rheinfelden, Fribourg und Sion konzentriert.

Feldschlösschen Hopfenperle

Sorte: Helles/Spezial
Art: untergärig
Gattung: Vollbier
Stammwürze: 12,3%
Alkohol: 5,2%
Kohlensäure: 5,0 g/l
Mindesthaltbarkeit:
35 Wochen

Goldgelbes Bier mit fester Haube aus feinem Schaum; aparter Duft mit Anklängen von Früchten.
Vollmundiges, sehr frisches und prächtig rezentes Bier; kräftiger Körper, der würzig den Mund füllt; ausgeglichener Geschmack mit herzhafter Hopfenbittere; wohltuend harmonischer Nachtrunk.

Feldschlösschen Original

Sorte: Lager
Art: untergärig
Gattung: Vollbier
Stammwürze: 11,2%
Alkohol: 4,8%
Kohlensäure: 5,0 g/l
Mindesthaltbarkeit:
35 Wochen

Feinblasiger Schaum mit delikatem Duft; Nase registriert hübsch Malz, angemessen Hopfen und – wieder – etwas Frucht im Hintergrund.
Kommt gemessen an und macht sich im Mund brav breit, überreicht dabei eine zartbittere Hopfenblume und verströmt Harmonie; schnell entpuppt es sich als süffig, und beim Abgang zeigt es sich als äußerst charmant.

Weitere Sorten:
Ice Beer
Schloßgold
Leichtbier
Alkoholfreies Bier

Weitere Marken:
Cardinal
Hürlimann
Gurten
Löwenbräu
Valaisanne
Warteck

FELSENAU

Brauerei Felsenau AG
CH-3004 Bern, Strandweg 34

Das 1881 gegründete Familienunternehmen ist die einzige selbständige Brauerei in Bern. Sie beschäftigt 22 Mitarbeiter und braute 1997 9000 Hektoliter. Als Eigentümer sind zwei Familien zu jeweils 50 Prozent am Unternehmen beteiligt.

Bärner Müntschi

Sorte: Hell
Art: untergärig
Gattung: Vollbier
Stammwürze: 11,3%
Alkohol: 4,8%
Kohlensäure: 5,1 g/l
Mindesthaltbarkeit:
16 Wochen

Ungefiltert, daher leicht trüb; feinporiger Schaum, der sich lange hält; fruchtig-hefiger, sehr angenehmer Geruch.
Harmonisch im Antrunk; nicht besonders voller, aber dafür gut proportionierter Körper; feines, abgerundetes Aroma, nur leicht gehopft; zartbitteres Finish, das leider nicht sehr lange anhält.

Weitere Sorten:
Spezial Hell
Spezial Dunkel
Lager
Zwickel
Spezialitäten

DE KEERSMAEKER

Brouwerij De Keersmaeker
B-1730 Asse, Lierput 1

Die Familie De Keersmaeker braut seit dem 18. Jahrhundert. Die Brauerei mit einer Jahresproduktion von etwa 45 000 hl gehört aber der Alken-Maes-Gruppe, an der die französische BSN-Danone-Gruppe (u. a. Kronenbourg) die Mehrheit hat.

Mort Subite Kriek

Sorte: Früchtebier
auf Lambic-Basis
Alkohol: 4,3%

Ein ganz feinporiger Schaum steht ausdauernd stramm auf diesem rubinroten Bier; die Nase freut sich an einem frischen Kirschbukett, das dezent mit Hefe versetzt ist. Die Zunge schwankt: Kräftige Süße spürt sie einerseits, eine angenehme Säure andererseits; weiniges Aroma wird mit Fruchtnoten zu einem Traumpaar, das so spritzig am Gaumen entlanggeht wie ein guter Obstschaumwein; zum Schluß blühen Fruchtaromen im anhaltenden, trockenen Nachtrunk noch richtig auf.

DE KLUIS

Brouwerij De Kluis → Interbrew
B-3320 Hoegaarden, Stoopkenstraat 46

Eine Mitte der 60er Jahre gegründete Brauerei, die berühmt wurde, indem sie die große Weißbiertradition dieser Region im Osten Brabants wieder aufleben ließ. Sie gehört heute zu Interbrew (Belgien), dem sechstgrößten Bierkonzern der Welt.

De Verboden Vrucht

Sorte: Doppelbock
Alkohol: 8,8%
Zutaten:
Brauwasser, Gerstenmalz, Hopfen, Zucker, Koriander und Curaçao

Bordeauxrot das Bier, gefällig der Schaum; fruchtiger Duft mit Röst- und Gewürztönen. Mundfüller mit ausgeprägter Hopfenherbe; würziges und fruchtiges Aroma; kräftig und »erdig« im Geschmack; schöne Frucht- und Gewürznote, die sich am Gaumen lange hält; der Nachtrunk erfreut mit angenehmer Bittere.

DE TROCH

Brouwerij De Troch
B-1741 Wambeek, 20 Lange Straat

Kleine Brauerei im Payottenland in der Provinz Brabant, die unter anderem noch traditionelles Lambic braut. Das ist auch Fundament für verschiedene Verschnitte, zum Beispiel für das Gueuze und für die verschiedenen Früchtebiere.

Chapeau Framboise

Sorte: Früchtebier auf Lambic-Basis (Biermischgetränk)
Alkohol: 3,0%
Zutaten:
Brauwasser, Malz, Weizen, Hopfen, Hefe, Zucker, Himbeeren und Himbeersaft

Rötliches, munter prickelndes Bier mit lebhaftem Schaum und fruchtig-beerigem Duft.
Das kitzelt die Zunge mit hübschem Mousseux; kräftige Säure macht sich wohltuend am Gaumen zu schaffen; ein weinig-trockenes Aroma verwöhnt die Geruchs- und die Geschmacksnerven; leichte Süße ist das I-Tüpfelchen.

HUYGHE

N. V. Huyghe-Brouwerij van Melle
B-9090 Melle, Brusselse Steenweg 282

Die 1654 gegründete Brauerei im Süden von Gent hatte sich jahrelang nur mit Bier Pilsener Art befaßt; erst seit Mitte der 80er Jahre widmet sie sich verstärkt der Herstellung einiger Spezialbiere, von denen die Starkbiere bemerkenswert sind.

Delirium tremens

Sorte: Starkbier/Typ Ale
Alkohol: 9,0%

Hell goldfarbenes Bier mit gutem Schaum; im Spiel um die Gunst der Nase sind die Fruchtnoten im Mittelfeld, die Hefe bummelt hinten, und der Hopfen sitzt noch auf der Reservebank. Mundfüllender Antrunk, in dem die Hefe Mühe hat, mit den geballten Fruchtaromen mitzuhalten; molliger Körper mit angenehmer Süße, die den Hopfen nur ahnen läßt; der Alkohol ballt nicht die Faust, er streichelt vielmehr bis zum Nachtrunk, der leider reichlich kurz ausfällt.

INTERBREW

N V Interbrew S. A.
B-3000 Leuven, Vaartstraat 94

Die heute sechstgrößte Brauereigruppe der Welt entstand in den 80er Jahren aus dem Zusammenschluß von Stella Artois und Jupiler/Piedbœuf. Sie hat eine Vielzahl von Brauereien übernommen, ist weltweit tätig und in Belgien Marktführer.

Stella Artois

Sorte: Pils
Alkohol: 5,2%

Ein appetitlicher, aber bald fahnenflüchtiger Schaum auf hellgelbem Bier, das die Nase mit einem sehr deutlichen Heugeruch narren will. Gekonnter Auftritt, geschickte Balance zwischen einem Pils der traditionellen Art und einem leichtfüßigen, wie es heute weitum beliebt ist; schlanker und doch kräftiger Hopfenkörper mit reizvoll malzigen Rundungen; schön »rundes« Aroma, in dem der (Saazer?) Hopfen gleichwohl den Takt angibt; trocken im bravourösen Abgang.

RIVA

Brouwerij Riva N. V.
B-8720 Genterdem, Wontergemstraat 42

Diese Brauerei gehört zu denen, die Weizenbier in Belgien »wiederbelebt« haben. In den letzten Jahren hat sie einige kleine, angesehene Brauereien aufgekauft und so dazu beigetragen, eine Reihe von traditionellen Marken zu erhalten.

Lucifer

Sorte: Starkbier/Typ Ale
Alkohol: 8,0%

Verkorkt wie ein Champagner und teuflisch verlokkend, wenn der Korken weg ist: ein hefeverschleiertes, pilsfarbenes Bier mit einem Schaum, der nach einem Rasiermesser zu schreien scheint; fruchtig und frisch duftet es unter dieser hellen Decke hervor.
Herb ist der erste Schluck, doch dann schmeckt es und riecht es wie im Obstgarten, in dem heftig Hefe verstreut wurde; Frucht und Hefe ziehen einen famosen Paarlauf durch bis zum anhaltenden Finish dieses flaschenvergorenen Bieres, das überaus lange lagerfähig ist und dabei sogar noch gewinnen kann.

SCOURMONT

Brasserie de l'Abbaye de Scourmont
B-6464 Forges, Route de la Trappe 294

Dies ist die südlichste der insgesamt sechs Brauereien des Trappistenordens und ohne Zweifel die weltweit bekannteste. Sie mälzt selbst und bietet generell drei Biertypen an, die an ihren Kronkorken (Capsules) zu unterscheiden sind.

Chimay

Sorte: Trappistenbier
Alkohol: 7,0%

Rötliches Braun unter einem sämigen Schaum; angenehm frischer, leicht säuerlicher Geruch, gerade so, als seien Schwarze Johannisbeeren in den Sud geraten (was freilich nicht der Fall gewesen ist). Mächtiger Antrunk, der die Sinne zum Applaus zwingt; fruchtige Süße, unterlegt mit einer wohltuenden Säure; ein kräftiger Körper geht wie auf Samtpfoten über die Zunge, täuscht dort noch einmal Beeren vor, läßt auch den Hopfen ganz kurz zu Wort kommen und geht dann ganz bedächtig aus der Arena.

CARLSBERG

Carlsberg A/S
DK-1799 København V., Vestervaelledvej 100

Carlsberg bildet zusammen mit Tuborg eine Gruppe, die zu den größten Braukonzernen der Welt zählt. Sie macht mehr als 80 Prozent ihrer Absätze außerhalb Dänemarks und hat eigene Braustätten und Beteiligungen auf der ganzen Welt.

Carlsberg Elephant

Sorte: Starkbier
Alkohol: 7,2%

Die Blume wuchert üppig auf dem kräftiggelben Bier, doch verblüht sie allzu rasch; da nützt selbst dieses gewaltige Malzbukett nicht, mit dem der Elefant zu helfen droht.
Ein Bier, wie von Rubens gebraut: ausladender Körper, von Malz üppigst gepolstert; geschmeidig und kraftvoll; doch ein paar korrigierende Hopfentupfer hätten dem Bild gewiß gutgetan, eine elegantere Linienführung sicherlich auch; zum Schluß hin wird das Ganze etwas plump, und der Nachtrunk wirkt sogar regelrecht fett und derb.

CERES

Ceres Bryggerierne A/S
DK-8100 Århus C., Ceres Allé 1

Diese 1681 gegründete Spezialitätenbrauerei gehört zu der durch den Zusammenschluß von Faxe A/S und Jyske entstandenen Brewery Group Denmark A/S. Ihr Hauptprodukt ist nach wie vor ein untergäriges Bier vom Typ Dortmunder.

Ceres Stout

Sorte: Stout
Alkohol: 7,7%

Das steht im Glas wie guter Espresso mit einer perfekten »crema«: die rabenschwarze Mehrheit unten, lichtbraunes Häubchen obendrauf; es paßt dazu, daß dieses Bier auch duftet wie kräftiger Kaffee, in den eine Lakritzstange fiel.
Ein voller, weicher Körper verwöhnt samtig Zunge und Gaumen; wenig prickelnd, doch höchst aromatisch füllt das Bier den Mund mit feinen Röstmalztönen und einer hübschen Zartbitternote; im lang anhaltenden Nachtrunk trumpft Kaffee nochmals auf.

FAXE

Faxe/Brewery Group Denmark A/S
DK-4640 Fakse, Torvegade 35

Seit der Fusion mit der Jayske-Gruppe aus Jütland ist A/S Faxe in Fakse die Muttergesellschaft der zweitgrößten dänischen Brauereigruppe. Im deutschen Markt hat sie vor allem mit Bier in Literdosen schon relativ gut Fuß fassen können.

Faxe Premium

Sorte: Lager
Alkohol: 5,5%

Der Schaum verdrückt sich, als müßte er die Bierdose fürchten, und gibt den Blick frei auf ein Bier von heller Goldfarbe; es riecht etwas zu aufdringlich nach Malz. Der Antrunk ist überraschend herb; Malz macht sich aber sehr schnell wieder breit und behält die Oberhand, obwohl der Bitterhopfen immer wieder aufmuckt; flatterhaftes Körperchen, das irgendwie nicht richtig geraten ist; beim Abgang stampft es zwar kurz trotzig auf, ist aber ratzfatz spurlos verschwunden.

TUBORG

Tuborg International A/S
DK-2900 Hellerup, Strandvejen 50

Die Brauerei Tuborg ist Teil der Carlsberg A/S, der weltweit siebtgrößten Brauereigruppe, deren verschiedene Unternehmen jährlich mehr als 30 Millionen Hektoliter absetzen. Zur Tuborg-Brauerei gehört ein sehenswertes Besucherzentrum.

Tuborg Pilsener

Sorte: Pils
Alkohol: 4,9%
Zutaten:
Brauwasser, Malz, Hopfen und Hefe
Tuborg wird für Deutschland von der seit den 80er Jahren zur Carlsberg-Tuborg-Gruppe gehörenden Hannen-Brauerei (Tuborg Deutschland GmbH) in Mönchengladbach nach dem Reinheitsgebot gebraut.

Kräftige Farbe, weitgehend stabiler, etwas zu grobporiger Schaum; ein angenehmer und wirklich frischer Duft. Im Antrunk schlägt Malz mächtig auf, läßt dann aber schnell nach; der Hopfen hält zwar wacker mit, könnte sich jedoch stärker zeigen; dem Zusammenspiel fehlt es etwas an Schwung (sprich: Rezenz), aber sehenswert, in diesem Fall: gut zu trinken ist es auf jeden Fall; der letzte Satz – also der Nachtrunk – ist dann wieder gänzlich gelungen.

GAYANT

Les Brasseurs de Gayant
F-59502 Douai, 63 Faubourg de Paris

Diese mittelständische Brauerei spielt zwar in dem von drei Konzernen weitgehend beherrschten Biermarkt Frankreichs keine große, aber als Wegbereiter für neue und als Bewahrer von traditionellen Sorten dennoch eine gewichtige Rolle.

La Bière du Demon

Sorte: Starkbier
Alkohol: 12,0%

Ganz harmlos sieht das Bier aus, dessen Etikett »zwölf Prozent teuflisches Plaisier« verspricht: hell, mit feinem, aber etwas allzu flüchtigem Schaum; die Nase muß sich anstrengen, um aus dem Glas viel zu erschnuppern. Der Antrunk überrascht mit einer Süße, die für ein helles Bier ungewöhnlich ist; dann dringt Hopfen durch, der sich aber durchgängig mit einer Statistenrolle begnügen muß; dem vollen Körper hängt das leere Aroma wie ein Klotz am Bein; doch der gewaltige Alkoholgehalt kaschiert das Mißverhältnis ein wenig; der Abgang enttäuscht, und die Frage bleibt: Was nützt viel Alkohol, wenn er zu wenig Aroma zu konservieren hat?

KRONENBOURG

Brasseries Kronenbourg S. A
F-67037 Strasbourg, 68 route d'Oberhausbergen

Die Brauerei wurde 1664 als Gasthausbrauerei in Straßburg gegründet, im 19. Jahrhundert in den Vorort Cronenbourg verlegt und, mit abweichender Schreibweise, nach diesem benannt. Seit 1970 ist sie Teil des Konzerns BSN-Danone.

Kronenbourg 1664

Sorte: Lager
Alkohol: 5,2%

Goldgelbes Bier mit stabiler Mütze aus feinem Schaum; Hopfen und Malz steigen als harmonisches Doppel in die darob zufriedene Nase.
Der Antrunk ist zwar nicht der Primus, er hat aber doch das Klassenziel erreicht; die Rezenz verdient ein Lob, der mittelschwere Körper rollt gemächlich über die Zunge; der Geschmack ist angenehm herb, braucht aber Zeit, sich zu entfalten; das intensive Aroma von Hopfen und Malz harmoniert bestens und hält sich auch nach dem letzten Schluck noch eine Weile.

BASS

Bass Brewers Ltd.
GB-Burton-upon-Trent, Staffs DE14 1JZ, 137 High Street

Diese Brauerei war die größte in Großbritannien, bis 1995 Courage mit Scottish & Newcastle zum Marktführer Scottish Newcastle fusionierte. Bass ist Eigentümer der Holiday-Inn-Hotelkette und seit 1998 auch der Intercontinental-Hotels.

Bass Pale Ale

Sorte: Pale Ale
Alkohol: 5,1%

Die Bernsteinfarbe straft den Zusatz »Pale« Lügen; und der Schaum, der sich ansehnlich und ausdauernd auf diesem Flaschenbier breitmacht, läßt den Bass-Bruder vom Faß vor Neid echt blaß werden. Leicht blumiger Duft, in dem ein Hauch von Schwefel zu erschnüffeln ist – beileibe kein Manko, sondern typisch für Ale aus Burton (es liegt am Kalziumsulfat des dortigen Wassers). Ganz weicher Körper; leicht süßer, milder Geschmack und ein intensives Aroma; sortentypisch schwaches Mousseux; feiner Nachtrunk. Zum Ärger aller Nichtbriten schmeckt es aus dem Faß aber um tausend Flaschenlängen besser ...

BELHAVEN

Belhaven Brewery Co. Ltd
GB-Dunbar/Scotland, East Lothian EH 42 1RS

Seit 1719 stellt diese aus einem Kloster hervorgegangene Brauerei an Schottlands Grenze zu England traditionelles Ale her, das unter Kennern als eines der besten im Land gilt. Belhaven braut auch im Auftrag des Bass-Konzerns ein Ale.

St. Andrews Ale

Sorte: Scottish Ale
Alkohol: 4,6%
Zutaten:
Brauwasser, Gerstenmalz, Hopfen, Hefe und Zucker

Hellbraunes Bier mit starkem Rotschimmer; fester, sämiger Schaum, der lange steht; Duft nach Toast mit Marmelade.
Kräftiger Antrunk mittlerer Herbe, schön vollmundig; im Aroma finden sich malzige, fruchtige und butterige Töne; sehr feine Hefenote in einem angenehm weichen Körper; der Nachtrunk ist von einer anmutigen Bittere, die sich am Gaumen noch lange hält.

COURAGE

Courage Ltd. Group
GB-Staines, Middx TW18 4TP, 1 Bridge Street

Die 1787 gegründete Brauerei braut seit 1980 nicht mehr an ihrem Gründungsort London. Sie verfügt jedoch über mehrere Braustätten im Land. Courage gehörte einige Jahre einer australischen Gruppe; seit 1995 bei Scottish & Newcastle.

Bulldog

Sorte: Strong Ale
Alkohol: 6,3%

Sahniger Schaum steht tapfer auf dem bernsteinfarbenen, zum Rötlichen tendierenden Bier, das animierend nach Hopfen und Hefe duftet. Im Antrunk treten Malz, Hefe und Hopfen als harmonisches Trio auf; Schluck um Schluck wird es dann lieblicher, ohne jedoch in eine unpassende Süße abzudriften; dezente Gewürzaromen umwerben den Gaumen und verweilen dort; der weiche, mit Malz gefällig parfümierte Körper wird durch sparsam dosierte Kohlensäure nicht unnötig in Bewegung gebracht; dafür revanchiert sich dieses Bier mit einem langen Abgang.

GRIFFIN

Fuller, Smith & Turner, Griffin Brewery
GB-London W4 2QB, Chiswick Lane South

Mit etwa 1300 Beschäftigten gehört diese auf Bitter-Biere spezialisierte Brauerei zu den größeren Betrieben im Lande. Sie wurde 1929 gegründet; an ihrem Standort im Stadtteil Chiswick wurde angeblich schon vor 300 Jahren gebraut.

Fuller's London Pride

Sorte: Bitter
Alkohol: 4,7%

Farbe von dunklem Bernstein und ein kompakter Schaum, der jedem Schluck bis auf den Grund des Glases folgt; malzig-blumiger Duft erfreut den Geruchssinn.
Nach einem butterweichen Antrunk kommt umgehend ein kräftiger Schub süßer Malzigkeit, aus der sich eine delikate Herbe allmählich herausschält; das Aroma ist eine sehr komplexe Melange aus Früchten, Hefe, Hopfen und Malz; das Bier hat einen mittelschweren Körper und einen zunehmend herben Geschmack, der sich im Nachtrunk noch einmal von seiner besten Seite zeigt.

USHERS

Usher's of Trowbridge plc
GB-Trowbridge, Wilts BA14 8JF, 68 Fore Street

Die gut eine halbe Million Hektoliter starke Brauerei ist aus einer Gasthausbrauerei hervorgegangen. Neben den eigenen Marken braut sie im Auftrag auch die Sorten Ale und Lager sowie begrenzte Mengen verschiedener Bierspezialitäten.

Ushers 1824

Sorte: Strong Ale
Alkohol: 6,0%

Dieser Schaum bildet keine Mütze, allenfalls ein dünnes Kopftuch, und auch das ist ruckzuck wie vom Winde verweht; das ist bei dieser Art von Bieren aber wirklich nicht ungewöhnlich; für das Auge bleibt aber ein Bier mit der Farbe von gutem Honig. Süße und Bittere rangeln um die Plätze auf der Zunge, bis der Hopfen schließlich die Geschmacksknospen davon überzeugt, daß er Platzhirsch ist; in der Mundhöhle macht sich ein feines Röstaroma breit, in dem Spuren von Gewürzen (Nelken, Zimt?) und Schokolade mittanzen; der volle, runde Körper dieses Bieres macht Trinken zum Vergnügen, der Nachtrunk ist mehr als nur gut gelungen.

GUINNESS

Guinness Ireland Group Ltd.
IRL-Dublin 8, St. James's Gate

Seit 1759 gibt es diese Brauerei, die sich zu einem multinationalen Konzern mit Schwesterbrauereien und einer Reihe von Lizenznehmern ausgewachsen hat. Das Stammhaus in Dublin stellt einige Versionen in mehreren Varianten her.

Guinness

Sorte: Dry Stout
Alkohol: 5,0%
Zutaten:
Brauwasser, Malz, Hopfen und Hefe
(wird gebraut nach dem deutschen Reinheitsgebot; es gibt auch Versionen mit Roh- und Röstgerste sowie in Flaschen gereiftes Guinness)

Tiefdunkles, fast schwarzes Bier, bedeckt von kompaktem Schaum in der Farbe schöner Crème Caramel; riecht aus dem Glase wie Malzkaffee.
Schon beim ersten Schluck stampft der Hopfen auf der hinteren Zungenrampe triumphierend auf; sein kräftiges Aroma rundet prächtig das von geröstetem Malz ab; es riecht nicht nur, es schmeckt auch ein wenig wie Kaffee; herber, voller Geschmack; trotz Fülle ganz spritzig und fruchtig-herb im Nachtrunk.

MURPHY

Murphy Brewery Ireland Ltd.
IRL-Cork, 58 Leitrim Street

Der ursprüngliche Name dieser Mitte des 19. Jahrhunderts gegründeten Brauerei, Lady's Well Brewery, wird zusätzlich zum aktuellen Firmennamen geführt. Nach einer Reihe von Eigentümerwechseln ist sie seit 1983 in Heineken-Besitz.

Murphy's Irish Stout

Sorte: Stout
Alkohol: 4,0%

Rabenschwarz das Bier und etwa karamel-cremefarben der daumendicke Schaum, der fast so standfest ist wie ein Ire an der Bar – kurz gesagt: ein Anblick, der nicht nur einem Durstigen das Wasser unter allen Brükken zusammenlaufen läßt; dazu kommt dieser unnachahmliche Duft nach Toast, Kaffee und ein wenig bitterer Schokolade.
Der Antrunk ist fürwahr ein Paukenschlag; samtweich kommt das Bier in den Mund und öffnet dort die Schleusen seiner Aromen: kräftig getoastetes Brot, Hopfenblume und ein Hauch von Frucht, eine Prise Hefe und eine Spur von Kakao – das alles in einem eher leichten als schweren Körper; es müßte umgehend nachgeschenkt werden, hätte dieses Stout nicht einen sehr langen, warmen Abgang.

SMITHWICK

E. Smithwick & Sons
IRL-Kilkenny, St. Francis Abbey Brewery

An der 1710 gegründeten Brauerei erwarb Guinness Mitte der 1950er Jahre eine Beteiligung und ein Jahrzehnt später die Mehrheit. Das Kilkenny wird sowohl in Kilkenny als auch bei der Muttergesellschaft Guinness in Dublin gebraut.

Kilkenny Irish Beer

Sorte: Irish Ale
Alkohol: 5,0%

Beige Haube aus allerfeinsten Bläschen sitzt auf rötlichem, blitzblankem Bier; es duftet sehr fein aus dem Glas nach Röstmalz und Hopfen.
Der Antrunk ist überaus harmonisch; das Bier geht weich über die Zunge, gibt erst ein wenig Süße frei, die dann von einer herzhaften Bittere abgelöst wird; rauchiges, von Hopfen und Röstmalz schön geprägtes Aroma; abgerundet, nicht zu füllig der Körper; im Geschmack trocken und auf angenehme Weise malzig; ein erfrischendes, wirklich schmackhaftes Irish Ale.

FORST

Birra Forst SpA
I-39022 Lagundo (Bolzano), Via Venosta 8

Diese Brauerei in Privatbesitz ist Nummer vier im Biermarkt Italiens und zugleich mit fast 700 000 Hektolitern die größte der rein italienischen Brauereien. Zu Birra Forst gehört auch die eigenständige Tochterbrauerei Birra Menabrea in Biella.

Forst Premium

Sorte: Lager
Alkohol: 4,5%

Hellgoldenes Bier mit festem Schaum, der sich eine lange Zeit im Glas behaupten kann. Einladender Geruch und ein delikates, sauberes Aroma mit einer zurückhaltenden Zitrusnote; leichter, nahezu zarter Körper; frischer und harmonischer Geschmack mit einer angenehm herben Note; mittlere Rezenz; anhaltender Nachtrunk mit einem aparten Anflug von Kräutern.

PERONI

Birra Peroni Industriale SpA
I-00198 Roma, Via Mantova 24

An Peroni ist zu 24 Prozent der französische Konzern BSN-Danone beteiligt, der Rest ist im Besitz der Familie Peroni. Die Peroni-Gruppe deckt gut 30 Prozent des Biermarktes in Italien ab und ist damit nach Heineken im Land am größten.

Itala Pilsen

Sorte: Lager
Alkohol: 4,7%

Grobporige und vorschnell welkende Blume auf einem fahlblonden Bier, das einen aufdringlichen, unschönen Hopfengeruch verströmt. Der Körper kann allenfalls in der Klasse »Fliegengewicht« antreten; das Aroma ist dünn wie Papier; die Zunge findet ein wenig Bittere – übrigens das einzige, was das Wort »Pilsen« auf dem Etikett ein kleines bißchen rechtfertigt; der Nachtrunk verschwindet so schnell wie der Schaum nach dem ersten Schluck und hinterläßt keinen Eindruck.

HEINEKEN

Heineken N. V.
NL-1017 ZD Amsterdam, Tweede Weteringplantsoen 21

Das Mutterunternehmen des zweitgrößten Bierkonzerns der Welt exportiert etwa die Hälfte seines Ausstoßes. An die 100 Tochterfirmen und Lizenznehmer brauen zudem Heineken; die Gruppe stößt mehr als 70 Millionen Hektoliter Bier aus.

Heineken

Sorte: Lager
Alkohol: 5,0%
Zutaten:
Brauwasser, Malz, Hopfen und Hefe
(wird nach dem deutschen Reinheitsgebot gebraut)

Ganz helles Bier mit zartem, aber ausdauerndem Schaum; guter, wenngleich nicht sehr kräftiger Geruch.
Schlankes Figürchen, doch geschmeidiger Körper, dem ausreichendes Hopfentalent den Rücken stärkt; dezentes Parfum der fruchtigen Art (Zitronengras?), untermalt mit hübschem Hopfenaroma; verabschiedet sich auf überaus temperamentvolle Weise.

IVANOVO

Ivanovo Brewing Company
RUS-143017 Ivanovo, ul. Parizhkoi Kommuny 143

Die Brauerei in der Stadt Ivanovo, die rund 300 Kilometer nordöstlich von Moskau liegt, wurde von der in englischem und indischem Besitz befindlichen Sun Group gekauft und läßt seit 1998 zwei ihrer Biersorten in Deutschland brauen.

Ivanovo

Sorte: Lager
Alkohol: 5,1%
Zutaten:
Wasser, Gerstenmalz, Mais und Hopfen

Die Farbe von lichtem Gold; der Schaum appetitlich hell, steif wie gut geschlagenes Eiweiß und dem Bier bis zur Neige verbunden; der Duft ein Wölkchen aus Malz und Hopfen, innig vereint.
Im vollmundigen Antrunk ist ein Hauch von Süße spürbar, was vom Mais herrührt; das süffige Bier hat einen Körper von mittlerer Schwere und ein rundes Aroma, das aber noch eine Spur mehr Hopfen hätte vertragen können; der meldet sich allerdings beim zartbitteren und ganz leicht süßen Abgang schließlich doch zu Wort: ziemlich deutlich, aber nicht aufdringlich.

BUDWEISER

Budějovický Budvar
CZ-37021 Ceské Budějovicé, K. Světlé 4

Die Brauerei wurde 1895 als »Tschechisches Actien Bräuhaus« in Betrieb genommen und übernahm erst später den Namen Budvar. Ihr Budweiser Budvar hat nichts mit dem gleichnamigen des US-Konzerns Anheuser-Busch zu tun.

Budweiser Budvar

Sorte: Lager
Alkohol: 5,0%
Zutaten:
Brauwasser, Malz, Hopfen und Hefe
(wird nach dem deutschen Reinheitsgebot gebraut)

Karamelbonbonfarben funkelt es aus dem Glas, cremiger Schaum steht fest und dauerhaft auf dem Bier; die Nase delektiert sich an malzigem Duft mit einer Honignote. Vollmundiger Antrunk im besten Sinne des Wortes; ein zur Süße tendierendes Aroma mit ganz leichtem Hopfeneinschlag; üppiger Körper mit reizvollen Rundungen, der 90 Tage ruhen darf, ehe er über die Grenzen geschickt wird (für den Inlandskonsum aber nur 60 Tage); Nachtrunk hebt Hopfen angenehm hervor.

PILSNER URQUELL

Plzeňsky Prazdroj a.s.
CZ-30497 Plzen, Prazdroje 7

Die Brauerei, tschechisch Plzeňsky Prazdroy, ist die Wiege aller Biere der Pilsener Brauart. Seit 1859, 17 Jahre nach der Erfindung dieses Biertyps durch den bayerischen Braumeister Josef Groll, ist Pilsner Urquell eingetragenes Warenzeichen.

Pilsner Urquell

Sorte: Pils
Alkohol: 4,4%
Zutaten:
Brauwasser, Malz, Hopfen und Hefe
(wird nach dem deutschen Reinheitsgebot gebraut)

Bernsteinfarbenes Bier, weit dunkler als die Mehrzahl der nach diesem Original Pils, Pilsner oder Pilsener genannten Biere der Familie Lager; schneeweißer Schaum, der bis auf den Grund hält; kräftiger, aber nicht aufdringlicher Geruch nach Hopfen.
Im Antrunk vollmundiger als für Biere nach Pilsener Art üblich; milde Süße steht im Schatten des aromatischen (Saazer!) Hopfens; angenehm herb, aber nicht bitter, was auch auf das hochgelobte Pilsener Brauwasser zurückgeführt wird; voller, runder Geschmack; zartbitteres und feinaromatisches Finish.

BYRON BAY

Byron Bay Beer Company
AUS-Byron Bay, New South Wales 2481, 6 Osprey Court

Diese Gesellschaft läßt ihr Bier in verschiedenen Ländern in Lizenz herstellen. Der Lizenznehmer für Deutschland ist das Haus der 131 Biere, Hamburg, in deren Auftrag die Anker-Brauerei in Nagold die hier vorgestellte Sorte braut.

Darwin Dark Lager

Sorte: Lager Dunkel
Alkohol: 5,7%

Kaffeebraunes Bier mit einer karamelfarbenen Haube aus feinem Schaum; ein Duft wie von Toast und ganz frischen Karamelbonbons. Malzig-molliger Antrunk, der kräftige Rösttöne hinterläßt; mittelschwerer Körper, dem ein Mehr an Kohlensäure gut auf die Sprünge helfen könnte; etwas zu sparsam gehopft, aber ansonsten von einem komplexen Aroma, in dem Röst- und Karameltöne die erste Geige spielen; volles, rundes, leicht süßes Finish.

FOSTER'S

Foster's Brewing Group Ltd.
AUS-Southbank, Vic 3006, 77 Southbank Boulevard

Die 1887 gegründete Brauerei ist mit mehr als 27 Millionen Hektolitern in der Liste der weltgrößten Braukonzerne die Nummer 10. Sie läßt in Lizenz in vielen Ländern brauen und das Bier dem jeweiligen Geschmack weitgehend anpassen.

Foster's

Sorte: Pils
Alkohol: 4,8%
Zutaten:
Brauwasser, Malz, Hopfen und Hefe
In Deutschland wird Foster's nach dem Reinheitsgebot von der Feldschlößchen-Brauerei in Braunschweig, Tochterfirma des Lizenznehmers Holsten, unter Verwendung von Hopfen und Hefe aus Australien gebraut.

Hellgoldenes Bier mit einem schneeweißen, feinporigen Schaum, der allerdings nicht allzulange durchhält; guter, ausgeprägter Pilsgeruch. Hopfen hat das Malz mit Schwung überholt, was nicht weiter schlimm wäre, hätte er sich dabei nicht ziemlich aggressiv verhalten; fährt flott über die Zunge, ohne jedoch deutliche Spuren zu hinterlassen; trotz Rasanz minimale Rezenz; Hopfen und Malz beenden das Rennen um die Gunst der Geschmacksknospen eindeutig zu abrupt.

TSINGTAO

Qingdao Brewery Co. Ltd.
VRCh-Qingdao 266021, Shandong, 56 Dengzhou Road

Die Brauerei wurde von Deutschen während der Kolonialzeit im Kurort Tsingtao (Qingdao) gegründet. Sie produziert jährlich etwa 1,2 Millionen Hektoliter und gehört heute zu den führenden Bierexporteuren der Volksrepublik China.

Tsingtao Beer

Sorte: nicht einzuordnen
Alkohol: 4,5%
Zutaten:
Wasser, Malz, Reis und Hopfen

Properer Schaum von einiger Standfestigkeit; das Bier ist kaum dunkler als eine geizig gemischte Weißweinschorle. Die Hefe erreicht die Nase zuerst, danach folgt ein ganz zarter Fruchtduft; frischer, aber etwas magerer Antrunk; mit Hopfen haben die Brauer nicht gegeizt, aber von der Kohlensäure ist ihnen einiges durch die Lappen gegangen; beim Nachtrunk klebt die Bittere entschieden zu lange auf der Zunge – mehr Aroma- und weniger Bitterhopfen täte diesem Bier gewiß gut.

RED STRIPE

Desnoes & Geddes Ltd. (Red Stripe Brewery)
JA-Kingston 11, 214 Spanish Town Road

An der Brauerei in der Hauptstadt Jamaikas ist der weltweit agierende niederländische Braukonzern Heineken beteiligt. Red Stripe ist die größte Biermarke Jamaikas und wird von Lizenznehmern in verschiedenen Ländern der Welt gebraut.

Red Stripe

Sorte: Lager
Alkohol: 4,7%
Zutaten:
Brauwasser, Gerstenmalz, Hopfen und Hefe (wird in Lizenz gebraut von Charles Wells Ltd. in Bedford/Großbritannien)

Lichtgelbes Bier, das sich zur Schaumbildung nicht recht aufraffen mag und schon gar nicht dazu, dieses bißchen Blume auch zu behalten; im Geruch eine fruchtige Note.
Läßt sich leicht und locker wegsüffeln, da weder Hopfen- noch anderes Aroma einige Aufmerksamkeit fordern; ein weiches, gefälliges Körperchen ohne Ecken und Kanten; akzeptabel spritzig und sich ganz unauffällig von Zunge und Gaumen schleichend; guter Durstlöscher.

ASAHI

Asahi Breweries Ltd. (Head Office)
J-Tokyo 130, 23-1 Azumabashi 1-chome, Sumida-ku

Mit 21 Millionen Hektolitern ist das nach Kirin Japans größte Brau-Gruppe. Auf der Weltrangliste steht sie auf Platz 15. Seit 1997 versucht der Asahi-Konzern verstärkt auf dem europäischen und speziell auf dem deutschen Markt Fuß zu fassen.

Asahi Super »Dry«

Sorte: nicht einzuordnen
Alkohol: 5,0%
Zutaten:
Wasser, Gerstenmalz, Hopfen, Reis, Mais, Maisstärke und Hefe

So ein kräftiges Mousseux stünde manchem Billigsekt gut zu Gesicht; so einen feinen Schaum schlagen sonst Barbiere auf; so blumigen Duft haben nur wenige Biere.
Der Hopfen hinkt hinter dem leichten Bierkörper her, aber das ist gewollt bei der Sorte Dry; das CeOZwo bizzelt mächtig auf der Zunge, doch das Aroma läßt zu wünschen übrig; ein süffiges, durchaus erfrischendes Bier, ganz ohne Höhen und Tiefen.

KIRIN

Kirin Brewery Co. Ltd.
J-Tokyo 104, 10-1 Shinkawa 2-chome, Chou-ku

Japans größte Brauerei, weltweit die Nummer acht, hat einen Jahresausstoß von 32 Millionen Hektolitern. Dieser Konzern verfügt über mehrere Braustätten und befaßt sich in einer Versuchsbrauerei vor allem mit europäischen Biersorten.

Kirin Premium Lager

Sorte: Lager
Alkohol: 4,8%
Zutaten:
Wasser, Malz, Reis und Hopfen

Helles Bier mit ansehnlicher Mütze, die sich jedoch nicht übermäßig lange hält; sehr angenehmer Geruch.
Ein Mittelgewicht mit guter Rezenz; frisches, süffiges Bier mit etwas magerem Aroma; leckerer Geschmack mit einer spürbaren Bitternote, die sich noch im Nachtrunk auf angenehme Weise hält.

LABATT

Labatt Breweries of Canada
CDN-Toronto, Ontario M5J 2T3, 181 Bay Street

Die kanadische Großbrauerei hat Tochterfirmen in den USA und in Italien. Ein Zweig der Familie Bronfman (Seagram-Spirituosen) soll an Labatt Anteile haben; seit 1995 ist diese Brauerei jedoch im Besitz des belgischen Riesen Interbrew.

Labatt's Blue

Sorte: Lager
Alkohol: 5,0%

Strohfarbenes Bier mit etwas zu grobem und flüchtigem Schaum; leichter Duft nach Heu und Früchten, die Nase kann kaum Malz entdecken. Leichter, fast schon magerer Körper, dem viel Kohlensäure richtig Beine macht; es ist kaum Zeit, das schwache, in Spuren fruchtige Aroma und den geradezu watteweichen Geschmack zu registrieren oder den Hopfen zu vermissen, da hat sich dieses Bier auch schon davongemacht, ohne einen nennenswerten Eindruck zu hinterlassen.

GUAMA

Ausnahmsweise ist hier der Markenname statt der Brauerei genannt. Das Bier wird im Süden Kubas exclusiv für die in Deutschland ansässige Vertriebsgesellschaft Cuba products in 21647 Moisburg nach dem deutschen Reinheitsgebot für den europäischen Markt gebraut. Die Vertriebsgesellschaft bat darum, den Namen der Brauerei aus hier nicht näher zu erläuternden Gründen nicht zu veröffentlichen.

Guama

Sorte: nicht einzuordnen
Alkohol: 4,8%
wird nach dem deutschen Reinheitsgebot gebraut

Goldfarbenes Bier mit einem sahnig-feinen Schaum; guter, von Malz geprägter Duft. Runder, voller Körper; sehr sparsam gehopft, schwache Bitternote; leichte, malzige Süße, dazu etwas fruchtige Säure; weicher Geschmack und nur mäßige Rezenz; im Abgang tritt die fruchtige Säure in den Vordergrund.

MOCTEZUMA

Cerveceria Cuauhtémoć Moctezuma S.A. de C.V.
MEX-94300 Orizaba, Veracruz, Sur 10 y Poniente 9

Die Brauerei Moctezuma ist der größte Bierexporteur des Landes, aber sie spielt im Inlandsmarkt nur eine relativ kleine Rolle. Zusammen mit Cuauhtémoć und einigen anderen Brauereien bildet sie eine der größten Biergruppen der Welt.

Sol

Sorte: nicht einzuordnen
Alkohol: 4,5%
Zutaten:
Wasser, Malz, Mais, Reis, Hopfen, Hefe, Ascorbinsäure

Die Farbe wie Apfelsaft aus industrieller Kelterung; der Schaum wie ein Badeschaum nach dem Kontakt mit Seife – aufgelöst; ein Duft, als stecke ein Sträußchen Hopfen nebst vielen Äpfeln im Heuhaufen. Klapperdürrer Antrunk; in der Folge kommt ein wenig »Fleisch« in Form von Süße, Fruchtigkeit und Herbe auf das Skelett; dank einiger Spritzigkeit fällt das Leichtgewicht der Zunge schließlich doch auf, ehe es sang- und klanglos den Weg alles Flüssigen geht; aber gut gekühlt ist es ein dienstbarer Geist für den allerersten starken Durst.

ASIA PACIFIC

Asia Pacific Breweries (S) Pte Ltd.
SGP-Singapore 639934, 459 Jalan Ahmad Ibrahim

Asia Pacific gehört wie noch viele andere Brauereien rund um den Globus zur omnipräsenten Heineken-Gruppe. Die Brauerei produziert in Singapur mit 500 Beschäftigten rund 900 000 Hektoliter und hat noch eine Brauerei in Malaysia.

Tiger

Sorte: Lager
Alkohol: 5,0%

Ansehnliche Schaumkrone, die wacker mithält; ein Bier von sanft goldgelber Farbe, das einen Duft nach Heu und Malz erschnuppern läßt. Vollmundiger Antrunk, in dem schon eine Süße auftritt, die noch zunimmt; adrettes Mousseux macht den Trunk schön spritzig; der Hopfen ist hier jedoch Mauerblümchen, Malz trumpft mächtig auf; im Nachtrunk – husch husch, weg war er – ist von Bittere noch immer keine Spur.

TAHITI

Brasserie de Tahiti S. A.
Papeete, Place Notre Dame

In dieser kleinen, von Franzosen gegründeten Brauerei, die auch im französischen Stil braut, stellen an die 300 Mitarbeiter jährlich rund 125 000 Hektoliter Bier und etwa die gleiche Menge an Säften und Erfrischungsgetränken her.

Hinano

Sorte: nicht einzuordnen
Alkohol: 4,9%

Blasser kann ein Bier kaum sein, schneller ein Schaum fast nicht verschwinden; die Nase wähnt sich in der Nähe eines Apfelbaumes, an dem jemand noch ein Stückchen Hefe aufgehängt hat.
Der Hopfen hält sich feige im Hintergrund, aber auch das Malz geht nur zögerlich nach vorne; immerhin bringt die leichte Säure doch noch ein Minimum an Geschmack auf die Zunge, und Kohlensäure macht das Ganze zumindest zu einem ganz erfrischenden Durstlöscher; wer Hoffnung auf das Finish setzte, sollte diese fahren lassen …

BOON RAWD

Boon Rawd Brewery Co. Ltd
T-Bangkok 10300, Bagkrabue

Die Brauerei wurde 1934 mit deutscher Hilfe errichtet. Sie ist mit weitem Abstand die größte in Thailand, stößt pro Jahr gut fünf Millionen Hektoliter Bier der Marke Singha in drei Qualitäten aus und produziert auch alkoholfreie Getränke.

Singha

Sorte: nicht einzuordnen
Alkohol: 6,0%
Zutaten:
Brauwasser, Hopfen, Hefe, Gerstenmalz sowie das Antioxidationsmittel E 300

Hübsch anzusehen ist dieses Bier ja, aber es verbreitet einen allzu hefigen Geruch. Der mittelschwere Körper ist in ein festes Malzmäntelchen gekleidet, in das außerdem reichlich Hopfen eingewebt wurde; auf Dauer hat die malzige Süße wenig Chancen gegen die ausgeprägte Herbe; mit »herzhaft« ist dieses Bier annähernd beschrieben; daß es beim europäischen Biertrinker dennoch Wünsche offenläßt, vor allem in puncto Nachtrunk, steht auf einem anderen Blatt.

CARIB

Carib Brewery Ltd.
TT-Champs Fleurs/Trinidad W. I., Eastern Main Road

Außer der genauen Anschrift, die in einem internationalen Brauereiverzeichnis aufgeführt ist, sind über diese Brauerei keine weiteren Informationen zu bekommen.

Carib Lager

Sorte: Lager
Alkohol: 5,2%

Fahlgelbes Bier in farbloser Flasche, auf dem ein adretter Schaum ausdauernd strammsteht; Hopfen steigt, fruchtig-säuerlich ummantelt, in die Nase und wird vorerst vom Malz nicht belästigt.
Mild geht das mittelschwere Bier über die Zunge, gibt am Gaumen jetzt reichlich Malz und ein paar kleine Päckchen Fruchtigkeit und Säure ab; es läßt sich flott wegtrinken und schmeckt würzig-trocken; im Nachtrunk tischt es einen aparten Eintopf aus Bittere, Fruchtigkeit, Malzsüße und dezenter Säure auf, garniert mit Honig und Gewürztönen.

ANHEUSER BUSCH

Anheuser Busch Inc.
USA-St. Louis/MO 63118, 1 Busch Place

Die von dem Deutschen Eberhard Anheuser 1860 gekaufte Brauerei, in die der Mainzer Adolphus Busch einheiratete, wurde 1875 Aktiengesellschaft. Heute ist sie mit mehr als 110 Millionen Hektolitern der weltweit größte Braukonzern.

Michelob

Sorte: nicht einzuordnen
Alkohol: 5,0%
Zutaten:
Brauwasser, Gerstenmalz, anderes Malz, Reis, Hopfen und Hefe

Strohfarben, mit feinporigem, relativ stabilem Schaum; im Duft ist eine zarte Holznote zu entdecken, von Hopfen merkt die Nase nicht viel. Schwach süß im Antrunk; verhaltenes Hopfenaroma im Verbund mit leichtfüßigem Malzaroma und einer zarten Fruchtigkeit; nicht sonderlich körperreich, aber gut rezent und ausgesprochen süffig; im Nachtrunk taucht die anfangs schmerzlich vermißte Herbe schließlich doch noch auf.

MILLER

Miller Brewing Company
USA-Milwaukee, WI 53208, 3939 West Highland Boulevard

Das 100prozentige Tochterunternehmen von Philip Morris ist die zweitgrößte Brau-Gruppe der Vereinigten Staaten von Amerika und die drittgrößte der Welt. Inklusive der Tochter Molson kommt Miller auf 50 Millionen Hektoliter pro Jahr.

Miller Genuine Draft

Sorte: nicht einzuordnen
Alkohol: 4,7%
Zutaten:
Wasser, Mais, Malz und Hopfen

Heftig blubbern Bläschen in Richtung Flaschenhals; auf dem maisgelben Bier findet die Blume anscheinend nicht genug Halt und welkt rasch. Die Nase notiert Süße, die Zunge tut es ihr nach; kaum hat der Hopfen vorwitzig das Köpfchen gehoben, wird er von geballter Getreidemacht schon gedeckelt; am Gaumen eine pflaumenweiche Parade, bei der das Malz kaum die Beine hochbekommt und der Hopfen nur humpelt; traurig, weil blitzschnell, das Finish.

SOUTH EAST ASIA

South East Asia Brewery Ltd
VN-Hanoi, 167 Minh Kai Street

Den mageren Informationen im internationalen Verzeichnis der Brauereien ist zu entnehmen, daß diese Brauerei im Jahr 160 000 Hektoliter produziert, darunter auch das Carlsberg Lager. Der dänische Gigant ist also wahrscheinlich beteiligt.

Halida

Sorte: nicht einzuordnen
Alkohol: 5,0%

Der Schaum wirft Blasen, die einem Spätzleteig zur Ehre gereichen würden, die Blume auf dem klaren, hellen Bier aber stark verunstalten. Säuerlich ist der Geruch, sehr erfrischend und doch voll der Antrunk; dem federleichten Korpus mangelt es zwar an Hopfen, doch er macht das wett mit einem fruchtigen Aroma, das von feiner Süße unterlegt ist; wenn das Bier nicht so schnell und spurlos den Abgang machte, wäre es noch um einiges besser.

GETRÄNK DER TAUSEND MÖGLICHKEITEN

Wer meint, Bier sei nur Begleiter derber Speisen und »Fernsehgetränk«, bringt sich um manchen Genuß.

Der Biertrinker ist marken-, mindestens aber sortentreu. Die Brauer verbuchen das gern als persönlichen Erfolg, doch der Konsument bringt sich um ein großes Vergnügen, wenn er nicht hin und wieder anderes, Neues probiert. Bier ist nur dann vollkommener Genuß, wenn aus der riesigen Vielfalt zu jedem Anlaß das passende ausgesucht wird.

Ein gutes Bier zu bereiten, ist ganz gewiß nicht weniger schwierig als die Aufgabe, guten Wein herzustellen. Und dennoch hat das alkoholische Getränk aus Getreide hierzulande den Ruch des Banalen; der ursprünglich positive Begriff »Volksgetränk« hängt ihm an wie Pech und hindert manchen daran, vor, zu oder nach einem Essen außer Haus das passende Bier statt eines Weines zu trinken, der erheblich teurer ist und ihm vielleicht nicht einmal so schmeckt, wie es das Bier wahrscheinlich getan hätte.

Daß Bier dem Wein an Vielfalt nicht nachsteht, wird niemand ernstlich bezweifeln. Es gibt tatsächlich die passende Sorte zu jedem Anlaß, zu jedem Gericht und auch für jeden Geschmack. Warum wird in der Gastronomie so selten ein kleines, gut gehopftes Pils als Aperitif angeboten statt des omnipräsenten Sherrys? Kaum etwas vermag den Appetit so gut anzuregen wie diese Kombination aus Hopfenherbheit, Alkohol und Kohlensäure.

Gemeinhin gilt Bier ja nur als Begleiter deftiger Speisen. Zu Schlachtplatte, Sülze, Räucherfisch und deftiger Wurst trinkt selbst der ein »kühles Blondes«, der sonst nur Wein bei Tisch gelten läßt. Aber zu Edelfisch und Edelgemüse, zu Schalentieren und zu erlesenem Fleisch wagt kaum einer ein Bier zu bestellen. Warum eigentlich nicht?

Zu Seezunge, Kabeljau und Süßwasserfischen paßt ein mäßig gehopftes Pils ebensogut wie trockener Weißwein. Fettreiche Fische wie zum Beispiel Lachs vertragen sich mit einem vollmundigen Export sogar fast noch besser. Statt eines schweren Rotweins kann zu vielen Wildgerichten unbedenklich ein dunkler, körperreicher Doppelbock getrunken werden. Wo Sekt oder Champagner als Begleitgetränk passen, leistet ein helles Weizenbier die gleichen Dienste. Das läßt sich übrigens auch sehr gut vor dem Mahl servieren, allerdings nur in kleiner Menge: Mäßig dosiert, ist Kohlensäure ein probater Appetitwecker, in zu üppigen Mengen füllt sie jedoch vorschnell den Magen. Wer also mit dem Aperitif auch gleich den ersten großen Durst löschen will, ist mit einem mäßiger prickelnden Pils besser beraten als mit einem kohlensäurereichen Weizenbier.

Zu Spargel wird Weißwein getrunken! Auch das ist eines dieser Dogmen, die von der schmackhaften Realität schon längst überholt wurden. Ein feines Pils, ein nicht zu mäßig gehopftes anderes untergäriges Bier oder auch eine belgische Sorte mit ausgeprägter Gewürz- und Fruchtnote (aber kein Früchtebier) sind ebenfalls adäquate Begleiter dieses edlen Stangengemüses. Sie eignen sich sogar besser, denn einen Wein zu finden, der wirklich mit Spargel harmoniert und dessen feinen Geschmack nicht übertönt, ist schwieriger, als das diesem Gemüse angepaßte Bier auszusuchen.

Selbst zum Dessert läßt sich ohne weiteres die eine oder andere Sorte Bier servieren. Gourmets wissen, daß sich zum Beispiel zu Schokolade kaum ein passender Wein findet – fortgeschrittene Biertrinker wissen aber aus vielen Proben, daß in einigen Sorten Anflüge von Schokolade, Kakao, Kaffee und vielerlei Gewürzen zu finden sind. Nicht daß diese Biere damit angereichert wären, sie enthalten lediglich von Natur aus solche aromatischen Substanzen, die Nase und Zunge an diese Geschmacksrichtungen erinnern. Besonders die malzbetonten, dunklen Doppelbockbiere, Sweet Stout und Porter sind die beste flüssige Ergänzung von Nachtischen, die cremig oder mit Schokolade zubereitet sind.

Zu fruchtigen Desserts und Obstkuchen (ja!) passen ganz ausgezeichnet die verschiedenen Weizenbiere mit ihrer feinen Balance zwischen Fruchtsäure und Malzsüße. Bier zu einem Apfelstrudel, zu einer Birnentorte, zu einem Kompott – das mag völlig überspannt klingen, aber wer es probiert hat, wird solche Kombinationen als gelungen bezeichnen.

Zu Austern und Muscheln bestellt pauschal Chablis, wer als Gourmet gelten will. Gegen dieses Doppel ist auch nichts einzuwenden. Aber ich habe in Irland zu Austern Guinness getrunken und finde dieses Zusammenspiel jede Empfehlung wert, erst recht, wenn es anschließend von einem guten Schluck des Pot-Still-Whiskeys Redbreast gekrönt wird.

Frisches Bier – nicht nur Durstlöscher

Stichwort Spirituosen: Der »Zweihandtrinker«, der links das Schnaps- und rechts das Bierglas hält, war Gegenstand zahlloser Spottzeichnungen. Es gibt zwar in Deutschland Regionen, in denen eine meist klare Spirituose offenbar als unverzichtbarer Bierbegleiter gilt, zu empfehlen ist diese Kombination mit Sicherheit nicht. Zum einen, weil sie sehr schnell zu einem Blutalkoholgehalt führt, der auch bei kräftigem Konsum mit Bier alleine niemals erreichbar wäre. Zum anderen, weil Schnaps dazu leider die vielen positiven Wirkungen des Bieres mit einem Schluck sofort zunichte macht.

Wer aber meint, nach dem zweiten oder dritten Bier doch einen »Kurzen« nehmen zu müssen, sollte sich an die alte bekannte Regel halten: Grape to grape and grain to grain. Das heißt, vor, zum oder nach dem Bier sind Wein-, Obst- und Tresterbrände auf keinen Fall erlaubt, Liköre ebenfalls nicht. Sie würden unweigerlich das Leiden auslösen, das der Volksmund so trefflich als »Haarwurzelkatarrh« bezeichnet. Gegen einen Whisky oder einen Korn ist in diesem Fall jedoch außer den bereits genannten Einwänden nichts zu sagen. Sie haben auch Getreide als Basis und sind daher unschädlich. Whisky, besonders der schottische Single Malt, wird sogar gelegentlich als ideale Spirituose zum Bier bezeichnet. Was auch durchaus verständlich ist: Tatsächlich ist dieser Whisky nichts anderes als destilliertes »Bier« aus Gerstenmalz, dem lediglich der haltbarmachende und würzende Hopfen fehlt.

Das Glas mit frischem, kaltem Wasser gründlich nachspülen

So lieber nicht: Bier sollte ins aufrecht gehaltene Glas fließen

Nach etwa einer Minute hat sich der Schaum gesetzt ...

... und jetzt kann behutsam nachgeschenkt werden

Es ist auch an der Zeit, mit dem Rat aufzuräumen: »Wein auf Bier, das rat' ich dir, Bier auf Wein, das lasse sein!« Wer je eine professionelle Weinprobe mitgemacht hat, weiß, daß es anschließend nichts Besseres gibt als ein gutes Bier – möglichst frisch vom Faß. Umgekehrt bekommt nicht jedem der abschließende Wein nach dem Biertrinken.

Wenn es denn doch einmal zuviel des Guten war, bietet sich Bier auch als »Katerkiller« an. Der gefürchtete Morgen danach ist weniger schlimm, wenn er mit einem Frühstück beginnt, das aus herzhaften, sauren Happen besteht – und von einem Hefeweizenbier begleitet wird. Die Kohlensäure löscht den Durst, der vergleichsweise wenige Alkohol sorgt dafür, daß der Pegel nicht abrupt ins Bodenlose fällt (was zu Schwindel und allgemeinem Unwohlsein führen könnte), die Hefe und die anderen Inhaltsstoffe führen dem Körper wieder viel von dem zu, was der Rausch verbraucht hat.

NUR GEPFLEGTES BIER IST AUCH EIN GUTES BIER

Den Wirten im Lande sagen Brauereien und Gesetzgeber, wie sie das Bier zu behandeln haben. Freilich hören nicht alle immer auch genau zu. Täten sie das, wäre an keinem Zapfhahn mehr zu hören, ein gutes Pils brauche nun einmal volle sieben Minuten, bis es gezapft sei. In sieben Minuten hat es seine gesamte Spritzigkeit verloren, hängt trotz blühender »Blume« abgestanden im Glase und ist alles andere als ein Genuß. In drei Minuten läßt sich ein geradezu fernsehreifes Bier genauso zapfen – ein Wirt, der das (noch) nicht weiß, ist von seiner Brauerei schlecht beraten.

Was kann der »Heimtrinker« tun, um in ungeschmälerten Biergenuß zu kommen? Er muß sich schließlich mit Bier aus der Flasche begnügen, was allemal schade ist, weil selbst das beste Flaschenbier nicht an ein frisch Gezapftes heranreicht. Auf dem Etikett eines Flaschenbieres muß das Mindesthaltbarkeitsdatum angegeben sein. Näheres Hinsehen beim Einkauf ist auf jeden Fall zu empfehlen, denn ein Bier jenseits dieses Datums hat unweigerlich an Qualität verloren. Wenn es aus der Brauerei kommt, ist es trinkfertig, ein »Nachreifenlassen« im eigenen Keller ist so überflüssig wie die Dose als Behältnis. Je frischer ein Bier getrunken wird, desto besser schmeckt es. Nach Ablauf des Mindesthaltbarkeitsdatums ist es zwar nicht verdorben (so wenig wie etwa Milchprodukte oder Konserven), aber eben auch nicht mehr so gut wie gleich nach der Abfüllung.

Die Vorschrift hat freilich Lücken. Die Angabe auf dem Etikett sagt nichts darüber, wie lange sich das Bier bereits unter dem Kronkorken befindet. Ein im Oktober gekauftes Bier mit »Grenzwert« Dezember kann im September abgefüllt worden sein oder auch schon im Januar. Ein weit entferntes Mindesthaltbarkeitsdatum kann bedeuten, daß dieses Bier erst kürzlich abgefüllt wurde, es kann aber auch ein Zeichen dafür sein, daß es pasteurisiert wurde. Diese Art der Haltbarmachung gilt zwar zu Recht als die schonendste, aber es ist unstrittig, daß auch dabei einige Geschmacksstoffe auf der Strecke bleiben. Ein Bock oder Doppelbock hält dank seines hohen Alkoholgehalts aber auch ohne jede Pasteurisierung länger als andere Sorten.

Und Finger weg von Bier, das im Regal grellem Neonlicht oder beständiger Sonneneinstrahlung ausgesetzt ist! Zwar bieten die farbigen Flaschen einen gewissen Schutz, doch auf Dauer schadet das Licht. Die beste Garantie für gutes Bier ist ein Händler, der regelmäßig von der Brauerei mit einer Menge beliefert wird, die er schnell absetzt.

Wenn es nicht umgehend getrunken wird, ist das Bier im kühlen, dunklen Keller am besten aufgehoben. Häufig ist zu hören, Bier müsse stehend aufbewahrt werden. Das ist angebracht, wenn es um Bügelverschluß-Flaschen geht, damit der Inhalt nicht mit dem abdichtenden Gummiring Kontakt hat. Aber ansonsten gibt es überhaupt keinen Grund, das Flaschenbier aufrecht zu lagern.

Gegen den Kühlschrank als Kurzzeitlager ist nichts einzuwenden, wenn er nicht auf höchste Stufe eingestellt ist. Die übliche Kühlschranktemperatur ist genau die, die das Gros der Biere am besten munden läßt: zwischen 7 und 10° Celsius. Wer es versäumt hat, den Begrüßungstrunk für die Gäste rechtzeitig auf diese Trinktemperatur zu bringen, läßt lieber den Besuch eine Weile dursten, als das Bier schockartig »kurz mal in der Tiefkühltruhe« abzukühlen, denn auf Temperaturschwankungen reagiert jedes Bier empfindlich.

Ist das Bier bei dieser rüden Behandlung gefroren, ist sein Aroma unwiederbringlich weg. Da hilft auch kein Auftauen mehr, im Gegenteil, das kann gefährlich sein: Flaschen mit gefrorenem oder sehr kaltem Inhalt können explodieren, wenn sie mit heißem Wasser in Berührung kommen.

War der Kühlschrank doch zu kalt eingestellt, kann das Bier trübe ins Glas fließen, und von Schaum ist dann – trotz blitzsauberer Gläser – keine Rede mehr. Der Trunk ist damit aber keineswegs schlecht geworden. Die Trübung ist allein Resultat der zu niedrigen Temperatur: Ansonsten unsichtbare Bestandteile lösen sich aus der Flüssigkeit, bilden winzige Körper und sind als Trübung (»Kälteschleier«) sichtbar. Das nur optische Manko verschwindet wieder, sobald das Bier allmählich erwärmt wird. Auf seine Qualität wirkt sich diese vorübergehende Trübung nicht aus.

Kälte unterdrückt oder zerstört das Aroma und kaschiert, nebenbei bemerkt, auch eventuelle Mängel. (Mißtrauen ist deshalb angebracht, wenn ein Brauer empfiehlt, sein Bier eiskalt zu trinken.) Zu warm ist aber genauso von Übel wie zu kalt: Die Kohlensäure wird überaktiv, ein Teil löst sich beim Einschenken buchstäblich in Luft, der andere plustert sich zu einem übermäßigen Schaum auf, der aber nicht lange anhält. Dem Bier fehlt jetzt der größte Teil der sonst in ihm gebundenen Kohlensäure – es ist schal.

DAS GLAS IST DIE VASE FÜR DIE BLUME DES BIERES

Kein Mensch mit Geschmack kommt auf den Gedanken, eine einzelne Baccarat-Rose in ein plumpes Tongefäß zu stellen. Niemandem wird eine feine Pâté de foie gras aus dem Blechnapf schmecken. Kein Mensch von Verstand läßt sich einen edlen Cognac in einem übergroßen Schwenker andienen. Erst ein Behältnis, das Auge, Gaumen und Nase gleichermaßen zufriedenstellt, läßt auch den Inhalt vollendet zur Geltung kommen. Das Glas ist das Kleid eines jeden Getränks; im schlimmsten Fall ist es ein ordinärer Fetzen, im besten Fall sozusagen Haute Couture.

Biergläser sind maßgeschneidert, zugeschnitten auf die jeweilige Sorte. Ein schlichtes Lager ist in einer eleganten Pilstulpe overdressed, ein Kölsch ist allein in der »Stange« stilecht gewandet, ein Weizenbier nur im hohen, schlanken, nach oben sich etwas öffnenden Glas gut aufgehoben. Brauer, Designer und Feintrinker haben dafür gesorgt, daß es für jede Sorte die passende Form gibt.

Die Brauer haben das Glas längst als idealen Werbeträger ausgemacht. Die Folge ist eine Vielzahl von individuellen For-

Für jede Sorte das richtige Behältnis (v.l.): Ein Glas für Stout, ein Seidel für untergärige Biere, der Willibecher für Export oder Märzen, die Pils-Flöte und die -tulpe (leer), ein klassischer Pokal für Berliner Weiße, eine Kölsch-Stange und ein Altbier-Becher, ein typisches Weizenbier-Glas und der wespensichere Deckelkrug für den Schluck im Freien

men, abgestimmt auf die jeweilige Sorte. Doch auch die beste Arbeit des Glasdesigners war vergebliche Liebesmühe, wenn das Bierglas nicht gepflegt wird. Es muß nicht nur sauber, es muß vor allem fettfrei sein, denn Fett zerstört unweigerlich den Schaum. Dieser Schaum aber ist nicht nur die optische Garnitur des Bieres, er wirkt auch als Schutz, hält die Kohlensäure im Bier fest und sorgt so dafür, daß es bis zum letzten Schluck frisch bleibt.

Wer das Bierglas aus der Spülmaschine nimmt und sofort Bier hineinschenkt, tut dem Getränk Gewalt an. Das Glas muß kalt und darf innen nicht trocken sein. Herkömmliche Spülmittel taugen nur zum Vorreinigen der Biergläser mit heißem Wasser; anschließend müssen diese mit kaltem Wasser sehr gut nachgespült werden. Wer perfekt gereinigte Gläser haben will, aber das Heißspülen scheut, besorgt sich über einen Wirt das spezielle Spülmittel für Biergläser. Das wirkt auch in kaltem Wasser und säubert absolut bierfreundlich.

Es ist eine Unsitte, das zweite Bier in das alte Glas zu gießen. Jeder Schluck vom ersten hinterließ Fett am Glas, vom Lippenstift, vom Essen. Das zerstört den Schaum, auch wenn es nur in kaum sichtbaren Spuren vorhanden ist. Deshalb gilt immer: für neues Bier ein frisches Glas. Und dieses muß vor dem Einschenken mit kaltem Wasser ausgespült werden. Denn das löst an der inneren Glaswand haftende Staubteilchen, die eine Schaumbildung verhindern würden.

Private Gastgeber schenken aus der Flasche gerne so ein, wie sie es beim Wirt am Zapfhahn gesehen haben, nämlich in ein schräg gehaltenes Glas. Das sieht zwar »professionell« aus, ist aber falsch. Flaschenbier hat weniger Kohlensäure als das aus dem Hahn und wird daher auch anders eingeschenkt: Das Glas wird gerade gehalten, die Flasche im rechten Winkel darüber. Das Bier muß von oben gleichmäßig und langsam in die Glasmitte fließen, bis der Schaum den Rand erreicht hat. Keinesfalls darf es ins Glas gestürzt werden, weil es dabei zuviel Kohlensäure verlieren würde. Wenn sich der Schaum gesetzt und gefestigt hat (nach etwa einer Minute), wird erneut nachgegossen. Jetzt müßte eine schöne »Blume« auf dem Glas stehen. Wenn nicht, wird ein drittesmal aufgegossen, nach kurzer Pause.

Die größten Fehler werden aber immer beim Einschenken von Weizenbier gemacht. Auch Kellner, die's eigentlich besser wissen müßten, drücken die Flasche bis zum Anschlag ins Glas und ziehen sie – den Flaschenhals dauernd im Bier

Wieder gefragt: Flaschen mit Bügelverschluß

badend – langsam nach oben. Das ist nach landläufiger Meinung die einzige Möglichkeit, einen halben Liter dieser obergärigen Sorte auf einmal in das Glas zu bekommen. Im Grunde ist es aber eine höchst unappetitliche Sache: Wo überall diese Flasche schon herumgekommen sein mag, deren Hals jetzt im Bier steckt, wer hat diesen Flaschenhals wohl schon alles in Händen gehabt...?

Das Spezialglas für Weizenbier muß blitzsauber und vor dem Einschenken noch einmal mit kaltem Wasser gut ausgespült worden sein. Es wird – im Gegensatz zu dem für andere Sorten – schräg gehalten. Jetzt läßt man das Bier schön langsam und gleichmäßig am Rand dieses Glases einlaufen, ohne daß es mit Flaschenmund oder gar Flaschenhals in Berührung kommt. Wenn es stark schäumt (zu warm oder vor dem Einschenken heftig bewegt), wird das Bier kurz abgestellt und zwei Minuten später nachgeschenkt. Ein schönes Bier braucht manchmal eben Zeit.

BIER IN DER KÜCHE SORGT FÜR MEHR ABWECHSLUNG

Unsere Altvorderen wußten noch, daß Bier nicht nur ein guter Trunk zum Essen ist, sondern auch eine probate Zutat im Essen. In Kochbüchern aus früheren Zeiten finden sich viele Rezepte, die beweisen, daß Bier in der Küche die Bedeutung hatte, die heute dem Wein zukommt. Mehr noch: Bier war nicht nur das flüssige Gewürz für eine Reihe von Speisen, es war ein Rohstoff für sich, ein Nahrungsmittel und als solches Basis zahlreicher Suppen und Saucen.

Vor allem die Biersuppe hatte es den Köchinnen der vergangenen Jahrhunderte angetan. Die war zwar einerseits ein typisches Arme-Leute-Gericht, andererseits aber doch auch »salonfähig«. Friedrich der Große von Preußen konnte von sich behaupten, »höchstselbst in der Jugend mit Biersuppe aufgezogen« worden zu sein. Nach und nach jedoch wurde dieses alkoholische Getränk vom Wein aus der Küche verdrängt. Erst einige progressive Köche unserer Zeit hatten genügend Mut, mit Alt und Pils, mit Bock und Braunbier, mit Stout und Ale zu experimentieren. Was sie schufen, hat das Bier in der Küche wieder etabliert.

So wie es zu jedem zubereiteten Lebensmittel wenigstens eine als Begleitgetränk geeignete Sorte gibt, läßt sich auch zu jedem Rohstoff ein Bier finden, mit dem er zubereitet, zumindest aber gewürzt werden kann. Bier kann den dominierenden Geschmack einer Speise unterstreichen, es kann aber auch einen reizvollen Kontrast dazu bilden. Mit Bier lassen sich vortreffliche Marinaden und interessante Dressings zubereiten. Säuerlich-fruchtige Sorten, wie man sie in großer Zahl in Belgien findet, können oft den Aceto Balsamico ersetzen, der zu einem Modegewürz geworden ist. Bier ist eine abwechslungsreiche Basis für Suppen und Saucen, Schmorflüssigkeit für Fleisch und für Geflügel, ist Grundlage zum Dünsten von Fisch und gutes Treibmittel für Backteige. Bock & Co. brachen das Wein-Monopol.

Und doch scheut immer noch manche Hausfrau das Bier in Topf und Pfanne. Es gebe den Speisen einen bitteren Geschmack, wird häufig behauptet. Das mag schon sein, wenn ein stark hopfenbetontes Bier wie etwa Pils verwendet und außerdem lange mitgekocht wird. In solchen Fällen empfiehlt es sich, den Schuß Bier erst zum Schluß der Garzeit zuzufügen oder einfach zu probieren, ob sich das Rezept nicht mit einem schwach gehopften, malziger schmeckenden Bier in die Tat umsetzen läßt. Etwas mehr Mut zum Experimentieren mit Bier in der Küche ist ohnehin angeraten – das Ergebnis ist in vielen Fällen eine Bereicherung des Speisezettels.

Tatsächlich kann Bier in jedem Gang einer Speisenfolge enthalten sein, von der Vorspeise bis zum Dessert, wie mit den nachfolgenden Rezepten bewiesen wird. Gastgeber mit Sinn für das Außergewöhnliche können also sehr gut einmal Freunde und Bekannte zu einem Bier-Menü bitten.

Das Entrée: Spargelsalat mit Champignons in Pilsmarinade

500 g kleine Champignons
1/2 Zitrone
200 ml Pils
2 Knoblauchzehen
1 Lorbeerblatt
1 Zweig Thymian
Pfefferkörner
Salz
1 Prise Zucker
500 g Spargel, ggf. Bruchspargel
1 Bund Petersilie
1 Frühlingszwiebel
2 EL milder Senf
1 EL Obstessig
3 EL Rapsöl
200 g junger Blattspinat

Die Pilze säubern, Stiele nachschneiden. Zitrone auspressen, den Saft mit Pils, den abgezogenen Knoblauchzehen und den Gewürzen zum Kochen bringen. Pilze portionsweise in diesem Sud einmal aufkochen und herausnehmen. In der Zwischenzeit den Spargel schälen, in etwa 4 cm lange Stücke schneiden und in ausreichend Pilzmarinade etwa 15 Minuten garen. Petersilie waschen und ohne Stiele hacken. Die Zwiebel putzen, das Grüne in Ringe, das Weiße in feine Würfel schneiden. Den Spargel mit den Pilzen in eine flache Schale geben, mit der Petersilie und den Zwiebelteilen bestreuen; Marinade abseihen, mit Senf, Essig und Öl gut verrühren, über das Gemüse geben und einige Stunden ziehen lassen. Vor dem Servieren den Spinat putzen, waschen, trockentupfen und unter das marinierte Gemüse geben.

Die Suppe:
Fränkische Kürbis-Bier-Suppe

1,2 kg Fruchtfleisch vom gelben Kürbis
1 Gemüsezwiebel
1 Knoblauchzehe
1 Stange Bleichsellerie
20 g Butter
1/8 l helles Lagerbier
Salz
Pfeffer
geriebene Muskatnuß
30 g Frühstücksspeck in Scheiben
30 g grüne Kürbiskerne
100 g Sauerrahm (20%ig)

Kürbisfleisch grob zerschneiden, Zwiebel und Knoblauch schälen und würfeln, Sellerie waschen, putzen und kleinschneiden. Das Gemüse ohne Kürbis in Butter glasig dünsten, Kürbis zugeben, Bier angießen, würzen, zudecken und etwa 20 Minuten langsam kochen. Inzwischen den Speck in kleine Würfel schneiden und diese in einer Pfanne langsam auslassen. Kürbiskerne zugeben und knusprig werden lassen. Die Suppe pürieren und dabei den Sauerrahm zugeben. Abschmecken und mit den Kernen bestreut servieren.

Der Fischgang:
Karpfen in Biersauce

100 g Lebkuchen
1 l Malzbier
1 Bund Suppengrün
2 Zwiebeln
20 g Butter
1 Loorbeerblatt
1 EL Mandeln, blättrig geschnitten
1 Karpfen von etwa 1200 g
4 Pfefferkörner
50 g Rosinen

4 Pimentkörner
2 Nelken
4 Pfefferkörner
Saft einer 1/2 Zitrone
Salz
Zucker

Lebkuchen kleinschneiden, mit 1/2 l Malzbier übergießen. Das geputzte Suppengrün und die Zwiebeln kleinschneiden. In Butter anbraten, die Gewürze, den eingeweichten Lebkuchen, die Rosinen und das restliche Malzbier zufügen und etwa 20 Minuten köcheln lassen. Den Karpfen in diesen Sud legen und zugedeckt bei leichter Hitze etwa 30 Minuten ziehen lassen, nicht kochen; dann herausnehmen und warm stellen. Die Sauce nochmals mit Zitronensaft, Salz und Zucker abschmecken, zum Karpfen reichen.

Der Fleischgang: Geschmorte Beinscheibe in Altbier-Sauce

2 Beinscheiben vom Rind, zusammen ca. 800 g
Kräutersalz
Pfeffer
1 EL Tomatenmark
2 EL Körnersenf
1 Bund Suppengrün
1 Apfel
1 Lorbeerblatt
30g Butter
0,5 l Altbier
1 kleiner Kopf Weißkraut
800 g Kartoffeln
Salz
2–3 EL Sauerrahm (20%ig)
3 EL gehackte Petersilie

Backofen auf 180° Celsius (Gas Stufe 2) vorheizen. Beinscheiben salzen und pfeffern, rundherum mit Tomatenmark und Senf einreiben. Suppengrün und Apfel putzen, waschen und würfeln. Das Fleisch im Bräter kurz anbraten, Suppengrün, Lorbeerblatt und die Hälfte des Altbiers zugeben. Kohlkopf putzen, waschen, Achtelspalten schneiden, auf dem Fleisch verteilen, salzen, mit geschlossenem Deckel in den Ofen schieben (2 Stunden). Nach 1 Stunde restliches Bier über den Kohl gießen. Die Kartoffeln schälen und in Salzwasser garen.

Fleisch, Kohl und Kartoffeln mit Petersilie auf einer Platte anrichten. Lorbeerblatt entfernen, die Sauce pürieren, dabei den Sauerrahm zugeben, abschmecken.

Das Dessert:
Malzbier-Sabayon an Pflaumeneis

für das Pflaumeneis:
450 g Pflaumen, frisch oder aus dem Glas
500 g Dickmilch

für den Sabayon:
200 ml Malzbier
4 Eigelb
1 Becher Crème fraîche (= 200 g)
2 Päckchen Vanillezucker
2 EL Zitronensaft
50 g Honig
Zimt

Die Pflaumen im Mixer pürieren, mit den übrigen Zutaten verrühren und gefrieren lassen, dabei öfter umrühren.

Für den Sabayon alle Zutaten miteinander verrühren und im Wasserbad zu einer dickflüssigen Masse aufschlagen. Diese Masse darf auf keinen Fall kochen. Der Sabayon wird lauwarm zu dem Pflaumeneis serviert.

Zu jedem dieser Gänge kann auch die Sorte getrunken werden, die zum Kochen verwendet wurde. Wenn Malzbier, das ja alkoholfrei ist, als Zutat diente, kann auch ein Export oder Pils (zum Karpfen) oder eine Berliner Weiße (zu dem Dessert) serviert werden.

Die hier aufgeführten Rezepte sind gute Beispiele dafür, daß Kochen mit Bier eine sehr interessante Sache sein kann. Es gibt mittlerweile eine Fülle von Rezepten, die nicht nur zum Nachkochen empfohlen werden können, sondern auch eine Anregung sein sollen, selbst kreativ zu sein. Wer einmal erleben will, welche Vielfalt ein Küchenprofi mit Bier hervorbringen kann, sollte sich in dem der Brauerei Aying angegliederten Restaurant einen Platz reservieren lassen. Die Gerichte von Josef Rampl sind schmackhafteste Beweise für die Behauptung, daß dem Bier unbedingt ein fester Platz in jeder Küche gebührt.

BIER BRAUCHT NICHT IMMER EIN SOLO ZU SPIELEN

Den Puristen graust es natürlich bei der Vorstellung, sein Bier mit irgendeinem anderen Getränk vermischen zu müssen. Er blickt scheel auf die Berliner Weiße, die schon immer mit Himbeer- oder Waldmeistersirup, ja sogar häufig mit einem Schuß Kümmellikör versetzt wurde. Auch Brauer sehen es am liebsten, wenn ihre Erzeugnisse möglichst pur über die Zungen gehen. Aber sie mußten umdenken: Seit es als schick gilt, Bier mit allerlei anderen Zutaten zu paaren, nutzen nicht wenige von ihnen den Trend und mischen in der Brauerei gleich selbst. Doch solche Fertigmischungen sollen hier nicht Thema sein.

Es gab immer schon Biertrinker, die auch gern einmal Gemischtes zischten. Als populärste Melange kann Bier mit Zitronenlimonade gelten, die in Bayern »Radler« und an der Waterkant »Alsterwasser« heißt. Im Sommer ist das eine bewährte Erfrischung. Wird statt Export oder Hell Weizenbier mit Limonade gemischt, nennt sich das in Bayern »Russ'«. Klassisch sind Verbindungen wie »Herrengedeck« (Pils und Sekt zu gleichen Teilen), das »Diplomat« heißt, wenn statt des Pilseners Dunkelbier so veredelt wird. »Black Velvet« besteht je zur Hälfte aus Guinness und Champagner, wogegen vier Zentiliter (cl) mit Pils aufgegossener Campari als »Churchill« bezeichnet werden – warum auch immer, es ist nicht anzunehmen, daß der britische Politiker diesen Drink jemals probiert oder ihn gar erfunden hat. Allerdings haben die Engländer ein Faible für Bier-Drinks wie den »Ale Punch«: Den Saft einer Zitrone mit 4 cl Weinbrand und grobem Eis gut verrühren, in zwei Biergläser abseihen und mit Pale Ale aufgießen. Traditionell wird der Drink mit Muskat bestreut und mit Trinkhalmen serviert.

In einem kanadischen Barbuch wird der »Beer Buster« als schweißtreibende und daher kühlende Mischung an heißen Tagen empfohlen: 5 cl eiskalten Wodka ins Bierglas geben, 2 bis 3 Spritzer (in der Fachsprache dashes) Tabasco dazu und mit kaltem, hellem Bier auffüllen.

Eine wunderbare, wenn auch zeitaufwendige Sache ist die »Münster'sche Altbierbowle« des Brauhauses Pinkus Müller: 1 kg Zucker in 1 l Wasser auflösen, kurz aufkochen und abschäumen. In diesen Zuckersirup gibt man Maikräuter und mundgerecht geschnittene Früchte, so zum Beispiel Erdbeeren und Pfirsiche. Nach gut 24stündigem Ziehen an einem kühlen Platz gibt man einen Eßlöffel dieser Mischung in ein Altbierglas (0,2 l) und füllt stilecht mit Altbier aus Münster auf, ersatzweise mit einem anderen oder eventuell sogar mit einem Kölsch.

Auch einige Barkeeper, professionelle Mixer also, haben das Bier schon als vielseitige Zutat entdeckt. Im Shaker und im Mixing Glass hat es allerdings nichts verloren: Schütteln und Rühren treiben ihm die Kohlensäure brutal aus, es wird schal und büßt viel an Geschmack ein. Bier an der Bar wird behandelt wie Champagner, Sekt und andere kohlensäurehaltigen Getränke: zum Schluß auf die gemixte Basismischung aufgießen und allenfalls ganz leicht umrühren.

Das könnte dann ein »Rumulus« werden:
2 cl Erdbeersirup, 1 cl Zitronensaft und 2 cl weißen Rum gut schütteln, in ein großes, sehr gut gekühltes Glas abseihen und mit kaltem Guinness aufgießen.

Sehr erfrischend ist der »Lupinus«:
2 cl Likör Crème de Bananes mit 1 cl braunem Jamaica-Rum und Eiswürfeln im Shaker gut schütteln, in ein passendes, gekühltes Glas abseihen. Mit Hefeweizen auffüllen.

Wer den Umgang mit dem Shaker scheut, kann sich auch einfachere Mischungen bereiten, zum Beispiel den »Hellen Moritz«, der aus 5 Teilen Weizenbier und 2 Teilen herbem Sekt besteht und mit Zitronenscheibe serviert wird. Oder den äußerst schmackhaften »Black & Brown«: drei Finger hoch Ruby Port ins Glas geben, mit Guinness auffüllen.

Jedes dieser Rezepte ist beliebig abwandelbar. Versuche mit anderen als den empfohlenen Biersorten können durchaus interessante Ergebnisse bringen. So gut wie manche der Biermischgetränke, die industriell hergestellt werden, sind die meisten der selbstgemachten Bier-Drinks allemal. Zwar werden die Bier-Puristen bei jedem neuen Rezept aufheulen und immer wieder behaupten, Bier sei so gut, daß es keiner weiteren Zutat bedürfe. Damit haben sie zwar recht, aber es wäre doch allzu engherzig gedacht, wollte man die vielen Mischungen nicht wenigstens tolerieren.

GLOSSAR

(Anmerkung: Die einzelnen Biersorten sind hier nicht aufgeführt; sie werden ab Seite 85 nach Ländern geordnet ausführlich beschrieben.)

Alkohol: Entsteht während der → Gärung und ist abhängig vom → Stammwürzegehalt.

Alkoholfreies Bier: Bier, das entweder als → Schank- oder → Vollbier eingebraut wurde und dem anschließend auf verschiedene Arten so viel Alkohol entzogen wird, daß es weniger als 0,5%vol. hat.

Alkoholgehalt: Muß auf dem Etikett angegeben werden, in Deutschland in Volumenprozent (%vol.).

Antrunk: Ausdruck für den ersten Schluck, der bei Bierproben unter den Aspekten Vollmundigkeit und Aroma immer eigens bewertet wird.

Ausstoß: Die Biermenge, die von einer Brauerei hergestellt wird; nicht gleichzusetzen mit Absatzmenge.

Bier: Alkoholisches Getränk auf Getreidebasis, das durch → Gärung entsteht; es wird auch als → Leicht- bzw. Light-Bier und als → Alkoholfreies in den Handel gebracht. Je nach nationalen Vorschriften wird Bier entweder nur aus gemälztem Getreide oder aus Malz und → Rohfrucht hergestellt.

Bierarten: Je nach verwendeter → Hefe wird unterschieden zwischen → untergärigem (z. B. Pils) und → obergärigem Bier (z. B. Weizenbier). Eine Sonderform sind die durch eine Spontangärung entstandenen Biere (z. B. Lambic).

Biergattungen: Die Höhe der → Biersteuer richtete sich bis 1993 nach einzelnen Stammwürzebereichen. Hier wurde differenziert nach Einfachbier (2–2,5%), Schankbier (7–8%), Vollbier (11–14%) und Starkbier (über 16%). Die Einteilung gilt noch immer, aber die Grenzen zwischen den einzelnen Stammwürzebereichen sind aufgehoben.

Biersteuer: Abgabe, die für einen Hektoliter Bier mit 1,54 DM pro Grad Plato (→ Stammwürzegehalt) in der Brauerei zu Buche schlägt und den Länderkassen zugute kommt, 1997 fast 7 Milliarden Mark.

Blume: Aroma des Bieres; auch volkstümlicher Begriff für den Schaum auf dem Bier.

Dose: In den 30er Jahren in Amerika erfundenes Behältnis für Bier aus Weißblech oder Aluminium, das noch flüssiger ist als Bier – nämlich überflüssig. Dosenbier wird generell pasteurisiert und ist folglich entsprechend lange haltbar; es schmeckt grundsätzlich nicht so gut wie die entsprechende Marke aus dem Faß oder aus der Flasche, auch wenn mittlerweile selbst höchst renommierte Brauer – dem Markt gehorchend, nicht dem eigenen Trieb – anderes behaupten.

Etikett: Die »Visitenkarte« der Brauerei und der »Steckbrief« des Bieres; gibt Auskunft über Inhalt, Mindesthaltbarkeit und → Alkoholgehalt sowie ggf. über → Zusatzmittel.

Gärung: Die Phase des Brauens, in der die → Hefe den in der → Würze enthaltenen Malzzucker zu → Alkohol und → Kohlensäure abbaut.

Hefe: Die von fast jeder Brauerei in Reinkultur gezüchtete Bierhefe löst die → Gärung aus. Je nach Hefetyp wird das Bier einer der zwei herkömmlichen → Bierarten zugeteilt.

Hopfen: Würzende und haltbarmachende Zutat, die der → Würze zugesetzt wird und den Grad der Bittere bestimmt; man unterscheidet zwischen Bitter- und Aromahopfen.

Inhaltsstoffe: Bier besteht zu etwa 90% aus Wasser und enthält außerdem Kohlensäure, Alkohol, Eiweiß, verschiedene Vitamine und Mineralstoffe sowie Kohlenhydrate.

Kohlensäure: In Flüssigkeit gelöstes Kohlendioxid, das bei der → Gärung neben Alkohol und Extrakt entsteht.

Kräusen: Hefezellen, die sich zu Beginn der → Gärung als Schaum auf der Oberfläche der → Würze sammeln.

Läutern, das: Nach dem → Maischen werden die in Wasser gelösten festen Extraktteile vom → Treber gelöst.

Leicht-/Light-Bier: Als → Schank- oder → Vollbier eingebraut und durch anschließenden Entzug eines Teils des Alkohols auf einen Gehalt von 2 bis ca. 3,2 vol% gebracht.

Maischen, das: Erste Phase des Brauens, in der geschrotetes → Malz mit Wasser zur *Maische* gemischt wird.

Malz: Getreide (meist Gerste, aber auch andere Sorten), das zum Keimen gebracht und dann getrocknet wurde. Je nach Temperatur beim Trocknen (Darren) enstehen in Farbe und Aroma unterschiedliche Malzsorten.

Nachgärung: Das frische »Jungbier« reift eine gewisse Zeit in Lagertanks unter Druck und gärt dabei nach; es reichert sich in dieser Zeit mit → Kohlensäure an.

Nachtrunk: Eindruck, den das Bier nach dem Schlucken auf der Zunge und am Gaumen hinterläßt (»Abgang«, »Finish«).

Obergärig: Bezeichnung für eine → Hefe, die zum Schluß der → Gärung an die Oberfläche steigt.

Reinheitsgebot: Älteste lebensmittelrechtliche Vorschrift der Welt, 1516 als Teil einer umfassenderen Bierverordnung für ganz Bayern erlassen. Nach der Urfassung durfte Bier nur aus Gerste, Hopfen und Wasser gebraut werden; die (um die Hefe) erweiterte und aktualisierte Fassung (Malz statt Gerste) wurde von der Weimarer Republik übernommen und ist seither Bestandteil des Biersteuergesetzes.

Rezenz: Spritzigkeit des Bieres; sie ist abhängig von dessen Kohlensäuregehalt; die Rezenz (auch Rezens geschrieben) ist dann gut, wenn sie typisch für die Sorte ist und mit den anderen Merkmalen des Bieres harmoniert.

Rohfrucht: Bezeichnung für ungemälztes Braugetreide.

Schankbier: → Biergattungen.

Stammwürzegehalt: Der Anteil der aus dem Malz gelösten Stoffe (Malzzucker, Eiweißstoffe, Vitamine, Aromastoffe) in der noch nicht vergorenen Würze. Aus der Stammwürze bilden sich durch Vergärung → Alkohol, → Kohlensäure sowie Restextrakt zu je ungefähr einem Drittel.

Treber: Malzrückstände (Spelzen), die nach Abfließen der → Würze im Läuterbottich verbleiben; sehr gutes Viehfutter.

Untergärig: Bezeichnung für eine → Hefe, die zum Schluß der → Gärung auf den Boden des Gärbehälters absinkt.

Vollbier: → Biergattungen.

Würze: Bezeichnung für die durch das → Läutern von dem → Treber befreite → Maische.

Zusatzmittel: So werden alle Stoffe pauschal genannt, die das → Reinheitsgebot den deutschen Brauern bei der Herstellung von Bier für den Inlandskonsum verbietet und die auf dem Etikett angegeben sein müssen, wenn ausländisches Bier in Deutschland verkauft werden soll: Farbstoffe, Konservierungsstoffe, Rohfrucht, künstliche Enzyme, Sulfate und Amoniumsalze, Schaumstabilisatoren, Zucker.

REGISTER

A

Aecht Schlenkerla Rauchbier *121*
Alpirsbacher Pils *88*
Andechser Bergbock Hell *99*
Asahi Super Dry *210*
Aventinus Weizenstarkbier *123*
Ayinger Celebrator *101*
Ayinger Jahrhundert-Bier *101*

B

Bärner Müntschi *170*
Bass Pale Ale *192*
Beck's *131*
Binding Lager *135*
Bischoff Premium Pilsener *162*
Bitburger Pils *163*
Boltens Ur-Alt *148*
Bruch Zwickel Hefetrüb *164*
Budweiser Budvar *204*
Bulldog *194*

C

Carib Lager *218*
Carlsberg Elephant *186*
Ceres Stout *187*
Chapeau Framboise *181*
Chimay (Capsule Rouge) *185*
Clausthaler Extra Herb *135*
Commerzienrat Riegele Privat *120*

D

DAB Pilsener *149*
Darwin Dark Lager *206*
De Verboden Vrucht *180*
Delirium tremens *182*
Diebels *150*
Distelhäuser Premium Pils *89*
Dithmarscher Pilsener *169*
Dom Kölsch *151*

E

Edelfalke Spezial *175*
Eichbaum Schwarzbier *90*
Einbecker Ur-Bock Hell *143*
Erdinger Weißbier mit feiner Hefe *102*
Ernst Johann Original *147*

F

Faxe Premium *188*
Feldschlösschen Hopfenperle *177*
Feldschlösschen Original *177*
Feldschlößchen Pilsner Premium *144*
Flensburger Pilsener *170*
Forst Premium *200*
Foster's *207*
Franziskaner Hefe-Weissbier Dunkel *103*
Fuller's London Pride *195*
Fürstenberg Premium Pilsener *91*

G

Ganter Spezial *92*
Gatz *152*
Gold Ochsen Pils *93*
Gösser Märzen *173*
Guama *213*
Guinness *197*

H

Hacker-Pschorr Münchner Edelhell *104*
Halida *221*
Heineken *202*
Henninger Kaiser Pilsner *137*
Highlander Whisky Malt Beer *137*
Hinano *216*
Hirter Export Pils *174*
Hoepfner Porter *95*

Hofbräu Original HB München *107*
Hofbräu Schwarze Weisse *107*
Holsten Pils *133*
Holsten Premium Bier *133*
Honer Pils *94*
Hopf Helle Weiße *109*
Hopf White *109*
Hövels Original Bitterbier *159*

I

Itala Pilsen *201*
Ivanovo *203*

J

Jever Pilsener *145*
Jubiläums Pilsener *127*

K

Kaltenberg König Ludwig Dunkel *110*
Kilkenny Irish Beer *199*
Kirin Lager *211*
König-Pilsener *153*
Köstritzer Schwarzbier *171*
Krombacher Pils *154*
Kronen Pils *155*
Kronenbourg 1664 *191*
Kulmbacher Edelherb Premium Pils *113*
Kulmbacher EKU 28 *113*

L

La Bière du Demon *190*
Labatt's Blue *212*
Lederer Premium Pils *114*
Licher Pilsner *138*
Löwenbräu Original *115*
Lübzer Pils *140*
Lucifer *184*
Lüneburger Pilsener *146*

M

Maisel's Weisse *116*
Martini Weissbier Hell *139*
Michelob *219*
Miller Genuine Draft *220*
Mort Subite Kriek *179*
Murphy's *198*

O

Original Oettinger Urtyp *117*
Original Pinkus Obergärig *156*

P

Paulaner Hefe-Weißbier *119*
Paulaner Roggen *119*
Pilsner Urquell *205*
Preussen Schwarzbier *130*

R

Radeberger Pilsener *167*
Red Stripe *209*
Rolinck Pilsener *157*
Rostocker Pils *141*
Rothaus-Pils Tannenzäpfle *98*

S

Schloß Eggenberg Urbock 23° *172*
Schneider Weisse Original *123*
Schultheiss Original Berliner Weisse *128*
Schwarzer Steiger *165*
Schwarzer Zornickel *97*
Singha *217*
Sol *214*
Spaten Münchner Hell *124*
St. Andrews Ale *193*
Stauder Pils *158*
Stella Artois *183*
Stralsunder Premium Pommeranium Lager *142*

T

Tiger *215*
Tsingtao *208*
Tuborg Pilsener *189*
Tucher Helles Hefe Weizen *125*

U

Ur-Krostitzer *166*
Usher's 1824 *196*

V

Veltins Pilsener *160*
Vollmond-Bier *96*

W

Warsteiner Premium Verum *161*
Weihenstephaner Hefeweissbier *126*
Wernesgrüner Pils Legende *168*

COLLECTION
ROLF HEYNE

GUIDES FÜR KENNER UND GENIESSER

David Schwarzwälder
Die Weine Spaniens
ca. 300 Seiten
ISBN 3-453-13799-X

Rudolf Knoll
Die Weine Österreichs
248 Seiten
ISBN 3-453-13035-9

Axel und Bibiana Behrendt
Obstbrände
232 Seiten
ISBN 3-453-09755-6

Axel und Bibiana Behrendt
Trester
240 Seiten
ISBN 3-453-12352-2

HEYNE